高职高专工作过程·立体化创新规划教材——计算机系列

# 常用工具软件实用教程

汪名杰　史国川　主　编

王继民　朱新峰　副主编

U0271182

清华大学出版社

北　京

## 内 容 简 介

本书由浅入深、系统全面地介绍了最新实用软件。全书共分 12 章，内容包括安全工具软件、系统优化和维护工具软件、磁盘工具软件、文件处理工具软件、光盘工具软件、电子图书浏览和制作工具软件、语言翻译工具软件、图像处理工具软件、娱乐视听工具软件、数字音频处理工具软件、数字视频处理工具软件以及网络常用工具等。

本书以工作场景导入——基础理论——工作实训营为主线组织编写，每一章都精心挑选了具有代表性的实训题，并对工作中常见问题进行解析，以便于读者掌握本章的重点和提高实际操作能力。本书结构清晰、易教易学、实例丰富、可操作性强、学以致用，对易混淆和实用性强的内容进行了重点提示和讲解。

本书既可作为高职高专院校的教材，也可作为各类培训班的培训教程。此外，本书也非常适合从事计算机常用软件技术研究与应用的人员参考阅读。

**图书在版编目(CIP)数据**

常用工具软件实用教程/汪名杰，史国川主编；王继民，朱新峰副主编. --北京：清华大学出版社，2013
(2017.7 重印)

　(高职高专工作过程·立体化创新规划教材　计算机系列)

　ISBN 978-7-302-30290-2

　Ⅰ. ①常…　Ⅱ. ①汪…　②史…　③王…　④朱…　Ⅲ. ①软件工具—高等职业教育—教材
Ⅳ. ①TP311.56

　中国版本图书馆 CIP 数据核字(2012)第 237173 号

**责任编辑：** 章忆文
**封面设计：** 刘孝琼
**责任校对：** 李玉萍
**责任印制：** 李红英

**出版发行：** 清华大学出版社
　　　网　　　址：http://www.tup.com.cn，http://www.wqbook.com
　　　地　　　址：北京清华大学学研大厦 A 座　　　邮　　编：100084
　　　社 总 机：010-62770175　　　　　　　　　邮　　购：010-62786544
　　　投稿与读者服务：010-62776969，c-service@tup.tsinghua.edu.cn
　　　质 量 反 馈：010-62772015，zhiliang@tup.tsinghua.edu.cn
　　　课 件 下 载：http://www.tup.com.cn，010-62791865
**印 刷 者：** 清华大学印刷厂
**装 订 者：** 北京市密云县京文制本装订厂
**经　　销：** 全国新华书店
**开　　本：** 185mm×260mm　　　**印　张：** 20.75　　　**字　数：** 500 千字
**版　　次：** 2013 年 1 月第 1 版　　　　　　　　**印　次：** 2017 年 7 月第 7 次印刷
**印　　数：** 12501～14500
**定　　价：** 38.00 元

产品编号：047015-01

# 前　言

本书介绍了计算机安全、系统优化与维护、磁盘管理、文件管理、光盘制作、电子图书浏览和制作、语言翻译、图像处理、娱乐视听、数字音频处理、数字视频处理、网络应用等常用工具软件的应用方法和技巧。读者通过本书的系统学习能够掌握一些常用工具软件的使用，具备解决实际应用问题的能力，基本能满足未来工作的需要。

本书由浅入深、系统全面地介绍了最新版本的常用软件的具体使用方法和操作技巧。本书共分 12 章，每章均以导入工作场景引出问题，然后详细讲解用来解决问题的知识点，最后回到工作场景中解决问题这一主线引导全文。

本书主要内容如下。

第 1 章主要介绍安全工具软件，如 360 杀毒软件、金山毒霸杀毒软件和 U 盘保护软件的功能、安装和基本操作，以及查杀病毒和 USBCleaner 的操作。

第 2 章主要介绍系统优化和维护工具软件，如 Windows 优化大师的基本概念及常用功能、超级兔子的概念及魔法设置、系统备份工具的操作以及完美卸载的基本概念及功能。

第 3 章主要介绍磁盘工具软件，包括硬盘分区工具 PartitionMagic、磁盘碎片整理工具 Vopt、磁盘清洁工具 CCleaner 以及数据恢复工具 EasyRecovery 的基本概念及常见操作。

第 4 章主要介绍文件处理工具软件，包括 WinRAR、WinZip、文件夹加密超级大师、常见的文件恢复工具及文件分割工具的基本概念和常见操作。

第 5 章主要介绍光盘工具软件，包括使用光盘刻录工具 Nero StartSmart 制作 CD 音频和视频光盘及数据刻录、复制光盘，使用虚拟光驱工具 WinISO 编辑映像文件、从光驱中创建映像文件以及转换映像文件格式。

第 6 章主要介绍电子图书浏览和制作工具软件，包括超星图书阅览器和 Adobe Reader 阅读 PDF 文件，以及魅客电子书生成器制作电子书的操作。

第 7 章主要介绍语言翻译工具软件，包括使用金山快译和金山词霸翻译英文文章、网页等操作。

第 8 章主要介绍图像处理工具软件，包括图像浏览工具 ACDSee、屏幕抓图工具 HyperSnap、电子相册王 Photofamily 以及图像压缩工具的基本概念和常见操作。

第 9 章主要介绍娱乐视听工具软件，包括使用流媒体播放工具 Windows Media Player、完美视听工具暴风影音、MP3 播放工具播放器千千静听、PPS 网络电视播放器的基本操作。

第 10 章主要介绍数字音频处理工具软件，包括使用数字音频编辑工具 Sound Forge、音频抓取工具 CDex 的基本操作。

第 11 章主要介绍数字视频处理工具软件，包括数字视频制作工具 Corel VideoStudio(会声会影)、数字视频格式转换工具格式工厂(Format Factory)以及屏幕录像工具 Wink 的安装、界面介绍及基本操作。

第 12 章主要介绍网络常用工具，包括网络下载工具网际快车 FlashGet、BT、Web 迅雷、FTP 工具，网络通信工具腾讯 QQ 以及电子邮件 Outlook Express 的安装、界面介绍及基本操作。

本书具有以下特点。

(1) 结构清晰、模式合理。以"工作场景导入"→"知识讲解"→"回到工作场景"→"工作实训营"这种新颖的模式合理安排全书。

(2) 示例丰富、实用性强。本书每一章在讲解绘图知识时都列举了大量的例子，并给出了具体的操作步骤，突出了很强的实用性与可操作性。

(3) 上手快、易教学。通过具体案例引出问题，在掌握知识后立刻回到工作场景中解决问题，使学生很快上手；以教与学的实际需要取材谋篇，方便老师教学。

(4) 安排实训，提高能力。每一章都安排了"工作实训营"版块，针对问题给出明确的解决步骤，并对工作实践中常见问题进行分析，使学生进一步提高应用能力。

本书既可作为高职高专院部分专业的教材，也可作为各类培训班的培训教程。此外，本书也非常适于从事计算机绘图技术研究与应用人员以及自学人员参考阅读。

本书由汪名杰、史国川任主编，王继民、朱新峰任副主编。在本书编写过程中，陈海燕、宋文慧、周松、朱蓓、朱贵喜、周汉、朱伟东、周慧慧、赵理洋、张艳、张娜、昝鹏、恽小牛、俞武嘉、于新豹等同志给予了很大的帮助。

限于作者水平，书中难免存在不当之处，恳请广大读者批评指正。

联系邮箱：iteditor@126.com。

编　者

# 目  录

# 第 1 章

## 安全工具软件

 本章要点

- 360 安全卫士的基本概念及常用功能
- 天网防火墙的概念及基本设置
- 金山毒霸的常用功能
- 卡巴斯基反病毒软件的常见操作
- USBCleaner 的主要功能

技能目标

- 熟练使用 360 安全卫士解决电脑的各类基本问题
- 学会配置个人防火墙
- 能够使用杀毒软件成功查杀电脑病毒
- 了解 USBCleaner 的基本功能

# 1.1 工作场景导入

**【工作场景】**

某公司最近发现部分计算机在任务执行到一半时经常突然死机，而且打开网页的速度和计算机开机的速度都非常慢，为了避免影响公司的工作效率，减少不必要的损失，现需利用安全工具软件对该公司的计算机进行一次整体的杀毒和维护。

**【引导问题】**

(1) 如何查杀计算机病毒？
(2) 如何提高计算机的运行速度？
(3) 如何防止黑客入侵，并避免计算机感染病毒？
(4) 如何解决由于员工插拔移动设备给计算机带来的病毒？

# 1.2 网络安全工具——360 安全卫士

网络安全是指网络系统的硬件、软件及其系统中的数据受到保护，不因偶然的或者恶意的原因而遭受到破坏、更改、泄露，系统连续可靠正常地运行，网络服务不中断。网络安全从其本质上来讲就是网络上的信息安全。从广义上来说，凡是涉及网络上信息的保密性、完整性、可用性、真实性和可控性的相关技术和理论都是网络安全的研究领域。

随着网络的不断发展，全球信息化已成为人类发展的趋势，由于网络具有开放性和互联性等特征，使得网络易受计算机病毒、黑客、恶意软件和其他不轨行为的攻击，所以维护网络的安全是一项很重要的工作。

## 1.2.1 360 安全卫士的基本概念

360 安全卫士是一款由奇虎网推出的功能强、效果好、受用户欢迎的安全上网软件。360安全卫士拥有查杀木马、清理插件、修复漏洞、电脑体检、保护隐私等多种功能，并独创了"木马防火墙"、"360 密盘"等功能，依靠抢先侦测和云端鉴别技术，可全面、智能地拦截各类木马，保护用户的账号、隐私等重要信息。

运行 360 软件，打开之后将会看到如图 1-1 所示的界面。360 安全卫士有以下几种功能。
(1) 计算机体检——对计算机进行粗略的检查。
(2) 查杀木马——使用云、启发、小红伞、QVM 四引擎杀毒。
(3) 清理插件——给系统瘦身，提高电脑速度。
(4) 修复漏洞——为系统修复高危漏洞和功能性更新。
(5) 系统修复——修复常见的上网设置、系统设置。
(6) 电脑清理——清理垃圾和清理痕迹。

(7) 优化加速——加快开机速度(8.3 版推出"我的开机时间")优化设置。

(8) 功能大全——8.6 版提供 59 种各式各样的功能。

(9) 软件管家——安全下载软件、小工具。

图 1-1 360 安全卫士界面

## 1.2.2 360 安全卫士的常用操作

### 1. 电脑体检

运行 360 软件,将会提示用户进行电脑体检,如图 1-1 所示。单击"立即体检"按钮,360 安全卫士将会对电脑进行初步体检,体检完成之后将显示电脑体检得分,如图 1-2 所示。360 安全卫士将根据体检得分提醒用户进行下一步操作。用户可以单击"一键修复"按钮,对所检测出来的问题进行整体修复,也可以根据自身需要对某些问题进行局部修复。

图 1-2 电脑体检结果

### 2．查杀木马

使用 360 安全卫士可以查杀木马。打开 360 安全卫士主界面，切换到"查杀木马"选项卡，如图 1-3 所示。用户可选择"快速扫描"、"全盘扫描"或"自定义扫描"。例如单击"快速扫描"按钮，360 安全卫士将对电脑进行快速扫描，扫描过程中若弹出"360 木马云查杀"对话框，如图 1-4 所示，提示发现恶性木马，可以单击"继续快速扫描"按钮，360安全卫士将对电脑继续扫描。扫描完成之后若发现有安全威胁，如图 1-5 所示，可以单击"立即处理"按钮，开始清理木马，清理完成之后会弹出"木马云查杀"对话框，提示是否重启计算机，可选择"立刻重启"或"稍后重启"，为了保证计算机安全，建议木马查杀之后立即重启计算机。

图 1-3　查杀木马界面

图 1-4　发现木马

图 1-5　木马查杀结果

### 3．清理插件

清理插件可以给浏览器和系统瘦身，提高电脑和浏览器的速度。切换到"清理插件"选项卡，如图 1-6 所示，单击"开始扫描"按钮。扫描完成之后会列出一些插件信息，如图 1-7 所示，可自行选择要清理的插件，选中该插件，单击"立即清理"按钮，即可清理选中的插件。

图1-6 清理插件界面

图1-7 插件扫描结果

### 4．修复漏洞

及时修复系统漏洞，可以防止外界的恶意入侵，切换到"修复漏洞"选项卡，软件将自动扫描系统中的漏洞,扫描完成之后列表中会显示系统中的各种漏洞信息，如图1-8所示。选中要修复的漏洞，单击"立即修复"按钮，即可修复当前系统中存在的一些漏洞。

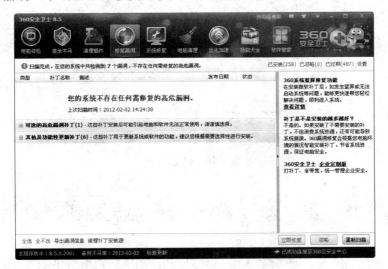

图1-8 修复漏洞界面

### 5．电脑清理

清理电脑中的垃圾可以提升系统的性能，能够拥有一个洁净、顺畅的系统环境。切换到"电脑清理"选项卡下的"清理垃圾"选项卡，如图1-9所示，单击"开始扫描"按钮，扫描完成后列表中会显示当前系统中的垃圾，如图1-10所示，单击"立即清除"按钮即可完成系统垃圾的清理。

图 1-9　电脑清理界面

图 1-10　清理结果

 ## 1.3　个人防火墙工具——天网防火墙

　　网络的迅速发展给人们的生活带来了很多便利，在享受它所带来的欢乐和快捷的同时，我们也必须考虑网络的安全性。在网络安全方面，需要安装好防火墙来抵御黑客的入侵和袭击。本章将介绍一款优秀的防火墙——天网防火墙，利用它可以抵御各种不法攻击，维护网络安全，保障账号和资料不被外泄。

### 1.3.1　天网防火墙的基本概念

　　"天网防火墙"是我国首个达到国际一流水平，首批获得国家信息安全认证中心、国家公安部、国家安全部认证的软硬件一体化网络安全产品，性能指标及技术指标达到世界同类产品先进水平。"天网防火墙"发展到现在，已经在多项网络安全关键技术上取得重大突破，特别是强大的 DoS 防御功能更是傲视同行。本节使用的是天网防火墙个人版V3.0.0.1015。

天网防火墙根据系统管理者设定的安全规则保护网络，提供强大的访问控制、应用选通、信息过滤等功能。它可以帮助用户抵挡网络入侵和攻击，防止信息泄露，并可与天网安全实验室的网站相配合，根据可疑的攻击信息，找到攻击者。

天网防火墙可以把网络分为本地网和互联网，可以针对来自不同网络的信息，设置不同的安全方案，适合于任何拨号上网的用户。

天网防火墙个人版是一款由天网安全实验室制作的、提供给个人电脑使用的网络安全程序。它根据系统管理者设定的安全规则能够在黑客的攻击数据接触到 Windows 网络驱动之前，就将所有的攻击数据拦截，从而有效地防止信息泄露，保护资料安全。天网防火墙个人版的主界面如图 1-11 所示。

图 1-11　天网防火墙个人版的主界面

## 1.3.2　天网防火墙的基本设置

天网防火墙安装完成之后，即可对防火墙系统进行基本的设置，使得防火墙的功能更强大。天网防火墙的基本设置步骤如下。

(1) 选择"开始"|"所有程序"|"天网防火墙个人版"|"天网防火墙个人版"命令，启动天网防火墙。

(2) 单击主界面上的"系统设置"按钮　，打开系统设置界面，如图 1-12 所示。

图 1-12　系统设置界面

(3) 在"启动"选项组中选中"开机后自动启动防火墙"复选框，则在计算机开机时就会启动防火墙，建议用户选中此复选框。

（4）在"皮肤"选项组中单击下拉三角按钮，则有三款皮肤风格供用户选择，如选择"经典风格"选项，单击"确定"按钮，即可看见主界面的颜色已经更改，如图1-13所示。

图1-13　经典风格界面

（5）在"局域网地址设定"选项组中输入用户在局域网内的 IP 地址，防火墙将以此确定局域网或者 Internet 来源。

（6）在"其他设置"选项组中，用户可以设置报警声音、自动打开资讯通窗口和自动弹出新资讯提示。单击"浏览"按钮，会弹出"打开"对话框，如图1-14所示。

图1-14　"打开"对话框

（7）选择一个声音文件作为报警声音，单击"打开"按钮即可。返回主界面，单击"重置"按钮，就会恢复默认的声音设置。

（8）基本设置完成后，单击"确定"按钮即可。

## 1.3.3　设置安全级别

天网防火墙可以根据实际情况和个人需求来设置不同的安全级别。天网防火墙提供了两种设置安全级别的方式，分别是选择已设定好的安全方案和自定义 IP 规则。下面分别介绍设置这两种方式的方法。

### 1. 选择已设定好的安全方案

采用已设定好的安全方案设置安全级别的操作步骤如下。

(1) 选择"开始"|"所有程序"|"天网防火墙个人版"|"天网防火墙个人版"命令，启动天网防火墙(此处以 Windows XP 操作系统为例进行介绍)。

(2) 启动后，桌面右下角的任务栏中会出现🖥小图标，单击此图标，或右击此图标，从弹出的快捷菜单中选择"系统设置"命令，打开天网防火墙的主操作界面。

(3) 在主界面上可以发现天网防火墙提供了四个可以选择的安全级别，分别是低、中、高、扩。将鼠标移到你所需的安全级别下，鼠标就会呈小手状，此处以设置安全级别为"中"为例，如图 1-15 所示。然后单击左键，安全级别下的🔺图标将对准所选择的安全级别，此时表明设置成功。

图 1-15    设置安全级别界面

### 2. 自定义 IP 规则

采用"自定义 IP 规则"这种方式设置安全级别的操作步骤如下。

(1) 启动天网防火墙，进入天网防火墙主界面。

(2) 单击"IP 规则管理"图标按钮，打开"自定义 IP 规则"面板，如图 1-16 所示。"自定义 IP 规则"面板上提供了一个小工具栏，如图 1-17 所示。只要单击其中的图标按钮，就可以完成添加、修改、删除 IP 规则等操作。

(3) 在下面的 IP 规则列表框中选中所需 IP 规则前的复选框，即可完成自定义 IP 规则任务。

(4) 自定义所需 IP 规则的任务完成后，单击"自定义 IP 规则"面板上的🔺图标按钮，就可以将该面板收回。

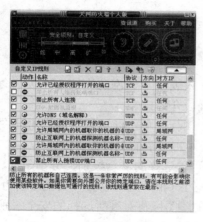

**图 1-16　"自定义 IP 规则"界面**

**图 1-17　自定义 IP 规则工具栏**

## 1.3.4　设置应用程序规则

在天网防火墙中，"自定义 IP 规则"是针对整个系统而言的。除此之外，天网防火墙还提供了可以针对单个应用程序进行规则设置的功能。设置应用程序规则的操作步骤如下。

(1) 启动天网防火墙，进入天网防火墙主界面。

(2) 单击主操作界面上的"应用程序规则"按钮，打开"应用程序访问网络权限设置"面板，如图 1-18 所示。

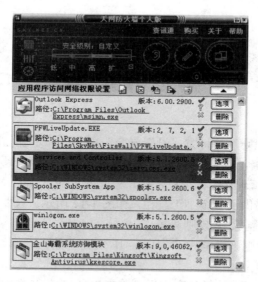

**图 1-18　"应用程序访问网络权限设置"面板**

(3) 单击应用程序列表中某个程序右侧的"选项"按钮，此处以单击"Services and Controller"右侧的"选项"按钮为例，打开"应用程序规则高级设置"对话框，如图 1-19 所示。

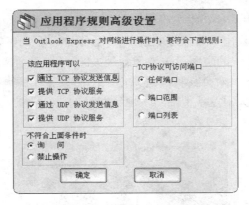

图 1-19　"应用程序规则高级设置"对话框

(4) 在"该应用程序可以"选项组中设置该应用程序是否通过或禁止某种协议服务；在"TCP 协议可访问端口"选项组中设置所能访问的通信端口的范围；在"不符合上面条件时"选项组中设置若不符合所设置的条件时，程序应该采用的处理方法。设置好后，单击"确定"按钮。

(5) 返回至"应用程序访问网络权限设置"面板，单击 图标按钮，将该面板收回。

# 1.4　查杀病毒工具

随着计算机的普及和不断发展，人们与计算机的关系日渐亲密，工作、生活方方面面似乎都已离不开它。然而，计算机病毒却也在快速地发展和传播，直接损害着人们的利益，造成巨大的损失。为了保障人们生活、工作的信息安全，在计算机中安装一款高效的杀毒软件是很有必要的。

杀毒软件，也称反病毒软件或防毒软件，是用于消除电脑病毒、特洛伊木马和恶意软件的一类软件。杀毒软件通常集成监控识别、病毒扫描和清除以及自动升级等功能，有的杀毒软件还带有数据恢复等功能，是计算机防御系统(包含杀毒软件、防火墙、特洛伊木马和其他恶意软件的查杀程序、入侵预防系统等)的重要组成部分。本节将介绍两款优秀的杀毒软件：金山毒霸、卡巴斯基反病毒软件。

## 1.4.1　初识金山毒霸

金山毒霸(Kingsoft Antivirus)是金山网络旗下研发的云安全智扫反病毒软件，融合了启发式搜索、代码分析、虚拟机查毒等经业界证明成熟可靠的反病毒技术，使其在查杀病毒种类、查杀病毒速度、未知病毒防治等多方面达到世界先进水平。同时金山毒霸具有病毒防火墙实时监控、压缩文件查毒、查杀电子邮件病毒等多项先进的功能，紧随世界反病毒技术的发展，为个人用户和企事业单位提供完善的反病毒解决方案。下面以金山毒霸 2012 为例来介绍这款杀毒软件。

金山毒霸 2012 是一款应用"可信云查杀"的免费杀毒软件，全面超出主动防御及初级云安全等传统方法，采用本地正常文件白名单快速匹配技术，配合强大的金山可信云端体系，率先实现了安全性、检出率与速度的统一平衡。同时，金山毒霸 2012 提出了全新的"边界防御"技术理念，与传统的防病毒技术理念最大的不同在于，"边界防御"强调不中毒才是最佳安全解决方案，通过对外界程序进入电脑的监控，在病毒尚未被运行时即可被判定为安全或不安全，从而最大限度地保障对本地计算机的安全防护。金山毒霸 2012(猎豹)SP2.1 的主界面如图 1-20 所示。

图 1-20　金山毒霸 2012(猎豹)SP2.1 的主界面

## 1.4.2　金山毒霸常用操作

### 1. 查杀病毒

金山毒霸提供了全盘查杀、一键云查杀和自定义查杀三种查杀病毒的方式。下面以"一键云查杀"为例进行说明。

(1) 选择"开始"|"所有程序"|"金山毒霸"|"金山毒霸"命令，或双击桌面上的金山毒霸 2012 快捷方式的图标按钮，打开"金山毒霸 2012"(此处以 Windows XP 操作系统为例进行介绍)。

(2) 切换到"病毒查杀"选项卡，如图 1-21 所示，有三种查杀病毒的方式，用户可根据实际需要进行选择。

图 1-21　"病毒查杀"选项卡

（3）例如单击"一键云查杀"图标按钮，将自动扫描电脑中存在的威胁，扫描结果如图 1-22 所示，检测出两个异常项目。

图 1-22　"一键云查杀"扫描结果

（4）在扫描到的异常列表中选中威胁项目前面的复选框，单击"立即处理"按钮，将自动处理选中的威胁。

### 2．实时保护

为了防止病毒入侵电脑，用户可以利用金山毒霸对电脑进行实时保护，具体操作步骤如下。

（1）打开金山毒霸软件，进入金山毒霸主界面。

（2）切换到"实时保护"选项卡，如图 1-23 所示，建议将边界防御和系统防御下的各种保护均开启。

图 1-23　"实时保护"选项卡

### 3．防黑墙

由于计算机的不断普及，很多黑客利用计算机系统漏洞入侵其他计算机，给人们的工作、生活等带来了很大的不便。为了减少不必要的损失，我们应该定期检查计算机中的漏洞，防止黑客入侵。金山毒霸提供了防黑客的功能，具体说明如下。

（1）打开金山毒霸软件，进入金山毒霸主界面。

（2）切换到"防黑墙"选项卡，如图 1-24 所示，提示用户进行黑客漏洞扫描。

图 1-24　　"防黑墙"选项卡

（3）单击"立即扫描"按钮，系统将进行黑客漏洞扫描，扫描结果如图 1-25 所示，发现两项黑客漏洞。

图 1-25　黑客漏洞扫描结果

（4）单击"立即修复"按钮，即可完成黑客漏洞修复。

### 4. 更新金山毒霸

由于新的病毒总是在不断地出现，以前所安装的杀毒软件也许就无法清除它们。所以，即使您安装了杀毒软件，最好也要隔一段时间就对该杀毒软件的病毒库进行更新升级。更新金山毒霸的操作步骤如下。

（1）启动金山毒霸软件，进入金山毒霸主界面。

(2) 单击主界面右上方的"设置"按钮,打开"金山毒霸-综合设置"对话框,如图1-26所示,用户可在"升级选项"选项组中的单选按钮中选中自动升级或关闭自动升级功能,完成设置后单击"确定"按钮即可。用户也可以单击主界面下方的"立即升级"按钮,软件将自动进行升级。

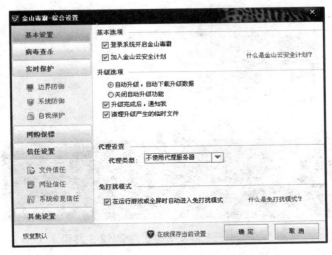

图1-26 "金山毒霸-综合设置"对话框

## 1.4.3 卡巴斯基反病毒软件简介

卡巴斯基反病毒软件是一款来自俄罗斯的杀毒软件。该软件能够保护家庭用户、工作站、邮件系统和文件服务器以及网关,除此之外,还提供了集中管理工具、反垃圾邮件系统、个人防火墙和移动设备的保护,包括 Palm 操作系统、手提电脑和智能手机的保护。此处介绍的是卡巴斯基反病毒软件2012,它有以下几种优势。

(1) 使用卡巴斯基实验最新技术。

卡巴斯基实验室严谨的专业知识和持续改进的保护技术,可以时刻保护用户的计算机不受恶意软件和其他威胁的侵害,确保隐私数据不被网络犯罪分子窃取。

(2) 快速查看网站和文件的信誉。

使用特定的颜色标签标记网站链接的安全级别,以帮助用户决定是否打开该网站。只需单击鼠标,即可查看文件的安全级别,该安全级别是根据卡巴斯基实验室位于云端的关于已知和新兴恶意软件威胁的权威数据分析得出的。

(3) 享受快速高效的计算机性能。

卡巴斯基反病毒软件2012集成了智能资源管理技术,显著降低了其对计算机性能的影响,尤其是对最常见的用户在线活动的影响,如浏览网页、观看视频和在线通信等,确保计算机高性能运转。

(4) 智能更新。

完全不必担心卡巴斯基实验室安全产品的更新问题:它会自动安装更新,并将网络流量、下载时间以及对计算机资源的占用降至最低。

（5）全新易用的用户界面。

新颖先进的全新界面，如图 1-27 所示，操作更简单，计算机安全状态一目了然。

**图 1-27　卡巴斯基反病毒软件 2012 主界面**

卡巴斯基反病毒软件 2012 的主要功能如下。

（1）系统监控。

保护用户的计算机不被未知威胁侵害，允许回滚恶意软件操作。

（2）卡巴斯基文件顾问。

只需轻点鼠标，即可检查文件的安全性。

（3）卡巴斯基网址顾问。

使用颜色标签标记网站链接的安全级别，以帮助用户决定是否打开该网站。

（4）反钓鱼模块。

对钓鱼网站发布警告，以避免个人隐私数据被盗。

（5）任务管理器。

允许用户监督正在运行的扫描任务。

（6）全新界面。

全新的用户界面，操作更简单，系统安全一目了然。

（7）桌面小工具。

即时查看计算机的安全状态，快速访问卡巴斯基反病毒软件 2012 的安全功能和设置。

## 1.4.4　卡巴斯基反病毒软件常用操作

### 1．查杀病毒

（1）选择"开始"|"所有程序"|"卡巴斯基反病毒软件 2012"|"卡巴斯基反病毒软件 2012"命令，或者双击系统托盘上的卡巴斯基图标，打开卡巴斯基反病毒软件 2012 主界面。

（2）单击"智能查杀"按钮，打开"智能查杀"面板，如图 1-28 所示，可以看到三种扫描病毒的方法：全盘扫描、关键区域扫描和漏洞扫描。

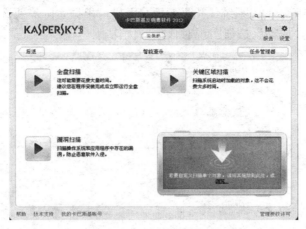

图 1-28　"智能查杀"面板

（3）例如单击"关键区域扫描"按钮，将对计算机的关键区域进行病毒扫描，扫描结果如图 1-29 所示，未发现任何威胁，表明计算机关键区域未感染病毒，单击"关闭"按钮，关闭任务管理器。为了避免病毒藏在其他地方，用户可继续选择"漏洞扫描"或"全盘扫描"来彻底查杀病毒。

图 1-29　关键区域进行扫描的结果

### 2．更新、优化、隔离和恢复

若用户需要对数据库和程序模块进行更新，则可以在卡巴斯基反病毒软件 2012 中单击"免疫更新"按钮，如图 1-30 所示。

图 1-30　免疫更新

若用户需要对系统进行优化，则可以在卡巴斯基反病毒软件 2012 中单击"系统优化"按钮，打开如图 1-31 所示的"系统优化"面板，用户可根据实际需要选中列表中的某些项，然后单击该项后面的"启动"按钮实现对该项的优化。

图 1-31　系统优化

若用户要对某些文件进行隔离，则可以在卡巴斯基反病毒软件 2012 中单击■图标按钮，将出现更多功能选项，此时单击"隔离和恢复"按钮，将弹出"隔离区"面板，如图 1-32 所示，选中隔离区列表中的文件即可对其进行扫描、恢复和删除操作。

图 1-32　隔离和恢复

 ## 1.5　U 盘保护工具

### 1.5.1　初识 USBCleaner

USBCleaner 是一款纯绿色的辅助杀毒软件，此软件具有侦测 1000 余种 U 盘病毒、U 盘病毒广谱扫描、U 盘病毒免疫、修复显示隐藏文件及系统文件、安全卸载移动 U/硬盘盘符等功能。同时，USBCleaner 能迅速对新出现的 U 盘病毒进行处理。USBCleaner V6.0 主界面如图 1-33 所示。

图 1-33 USBCleaner V6.0 主界面

USBCleaner 有如下几种功能。

### 1．病毒侦测

病毒侦测包括全面检测、广谱检测以及移动盘检测。全面检测可精确查杀已知的 U 盘病毒，并对这些 U 盘病毒对系统的破坏做出修复；广谱检测可快速检测未知的 U 盘病毒，并向用户发出警报；移动盘检测，检测 U 盘、MP3 等移动设备的专门模块，要独立使用。

### 2．U 盘病毒免疫

U 盘病毒免疫有两种方案供用户选择，包括关闭系统自动播放与建立免疫文件夹，可自如地控制免疫的设置与取消，U 盘病毒免疫可以极大地减小系统感染 U 盘病毒的侵害。

### 3．移动盘卸载

移动盘卸载可以帮助卸载某些因文件系统占用而导致的移动盘无法清空的问题。

### 4．病毒样本提交与上报

病毒样本提交与上报可以方便地获取可疑的病毒样本并上报。

### 5．系统修复

系统修复包括修复隐藏文件与系统文件的显示，映象劫持修复与检测，安全模式修复，修复被禁用的任务管理器，修复被禁用的注册表管理器，修复桌面菜单右键显示，修复被禁用的命令行工具，修复由于恶意软件导致的无法修改的 IE 主页，修复显示文件夹选项，初始化 LSP 等。

系统修复包括独立的某类 U 盘病毒的全盘病毒清理程序，针对感染全盘的 U 盘病。

### 6．USBMON 常规监控

智能识别 U 盘病毒实体，并加以防护。

### 7．USBMON 日期监控

针对修改系统时间的 U 盘病毒加以防护，自定设置检测到移动盘插入时安全打开。

### 8．U 盘非物理写保护

保护您的 U 盘不会被恶意写入。

### 9．文件目录强制删除

协助清除一些顽固的畸形文件夹目录。

### 10．Auto.exe 病毒检测模块

特别针对 auto.exe 木马设计的 Auto.exe 病毒检测模块。

## 1.5.2　简单使用 USBCleaner

将在官网下载的 USBCleaner.zip 解压后，双击 USBCleaner.exe 文件，进入 USBCleaner 主界面，如图 1-33 所示，单击"全面检测"按钮，开始查杀病毒，如图 1-34 所示。病毒查杀完成之后将弹出"是否进行广谱深度检测"对话框，如图 1-35 所示，用户可根据实际需要单击"是"或者"否"按钮，例如单击"是"按钮，将进行广谱深度检测，若用户在运行软件之前没有插入移动设备，此时将会弹出"提示"对话框，如图 1-36 所示。用户正确插入移动设备之后，单击"确定"按钮，将查杀 U 盘病毒，查杀完成之后将弹出"移动存储病毒处理模块"界面，如图 1-37 所示，此时用户可以选择检测 U 盘或是检测移动硬盘，例如单击"检测 U 盘"按钮，将弹出"提示用户不能插拔 U 盘"对话框，如图 1-38 所示，单击"确定"按钮，弹出"发现 U 盘，将调用查杀模块"对话框，如图 1-39 所示，单击"确定"按钮，将查杀 U 盘病毒，查杀完成之后弹出"检测结果"对话框，如图 1-40 所示，告知用户 U 盘病毒查杀情况。U 盘病毒查杀全部完成之后将弹出"操作日志"界面，如图 1-41 所示。

图 1-34　全面检测

图 1-35　"是否进行广谱深度检测"对话框

图 1-36　"提示"对话框

图 1-37　"移动存储病毒处理模块"界面

图 1-38　"提示用户不能插拔 U 盘"对话框

图 1-39　"发现 U 盘,将调用查杀模块"对话框

图 1-40　"检测结果"对话框

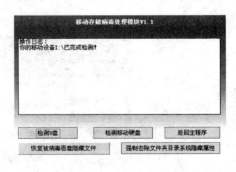

图 1-41　"操作日志"界面

　　切换到"工具及插件"选项卡,如图 1-42 所示。单击"U 盘病毒免疫"按钮,"设置免疫文件夹"选项下列出了计算机中所有盘的信息,单击"设置所有"文字链接,将弹出"是否将所有盘免疫"的询问对话框,单击"是"按钮,如图 1-43 所示,即可成功地将所有盘添加到免疫文件夹,如图 1-44 所示。

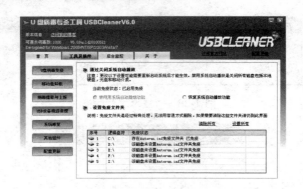

图 1-42 "工具及插件"选项卡

图 1-43 "是否将所有盘免疫"对话框

图 1-44 "成功添加免疫文件"对话框

当所插入的移动设备不能正常卸载时,单击"移动盘卸载"按钮,如图 1-45 所示。在"移动盘卸载"界面中有两个卸载按钮,可以先单击"使用 USB 设备智能卸载工具"按钮,若不能成功卸载,再单击"通过结束 Explorer.exe 进程的方法"按钮,即可成功卸载移动设备。

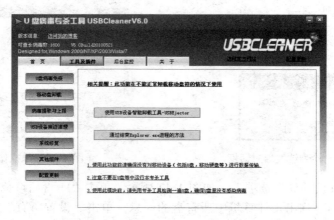

图 1-45 "移动盘卸载"界面

## 1.6　回到工作场景

通过 1.2～1.5 节内容的学习，相信读者应该掌握了常用安全工具软件的基本概念，以及如何使用这些安全工具软件解决计算机出现的各种问题的方法，并足以完成 1.1 节工作场景中的任务了。具体的实现过程如下。

**【工作过程一】**

分析该公司计算机出现的故障，可能是感染了病毒，此时应该利用杀毒软件进行计算机的全盘杀毒，此处以本章推荐的一款杀毒软件——金山毒霸进行全盘查杀，具体操作步骤如下。

(1) 选择"开始"|"所有程序"|"金山毒霸"|"金山毒霸"命令，或双击桌面上的金山毒霸 2012 图标按钮，启动"金山毒霸 2012"软件(此处以 Windows XP 操作系统为例进行介绍)，如图 1-46 所示。

**图 1-46　金山毒霸 2012 主界面**

(2) 切换到"病毒查杀"选项卡，在其中单击"全盘查杀"按钮，进行全盘杀毒，如图 1-47 所示。

**图 1-47　全盘杀毒**

(3) 扫描结束后，会在"已检测出的威胁"栏中列出检测出的所有病毒，此时用户只需在扫描到的异常列表中选中威胁项目前面的复选框，然后单击"立即处理"按钮，即可清除计算机中存在的病毒和威胁。

(4) 金山毒霸除了拥有很强的杀毒功能之外，还为用户提供了"网购保镖"，为了防止公司员工在进行网购时不小心将计算机感染病毒，可以利用金山毒霸的"网购保镖"进行保护。在金山毒霸主界面中切换到"网购保镖"选项卡，如图 1-48 所示，开启"防支付页面被篡改"、"拦截欺诈购物网址"、"查杀网购木马病毒"等功能。

图 1-48 "网购保镖"选项卡

**【工作过程二】**

为了提高该公司计算机的运行速度，可以选用 360 安全卫士进行系统修复和垃圾清理等操作，具体操作步骤如下。

(1) 选择"开始"|"所有程序"|"360 安全中心"|"360 安全卫士"|"360 安全卫士"命令，或双击桌面上 360 安全卫士快捷方式，打开"360 安全卫士"主界面(此处以 Windows XP 操作系统为例进行介绍)。

(2) 切换到"系统修复"选项卡，如图 1-49 所示。

图 1-49 "系统修复"选项卡

(3) 单击"常规修复"按钮，开始扫描需要修复的项目，扫描结果如图 1-50 所示，选中需要修复的项目，单击"立即修复"按钮即可，如图 1-50 所示。用户也可以单击"电脑门诊"按钮，在打开的"电脑门诊"界面中选择与实际情况相符的问题，然后直接解决。

图 1-50　常规修复

(4) 系统修复完成之后，单击"电脑清理"按钮，进行电脑中的垃圾清理，详细步骤见本章第 1.2.2 节。

(5) 为了提高计算机的速度，可在垃圾清理完成之后，切换到"优化加速"选项卡，如图 1-51 所示。

图 1-51　"优化加速"选项卡

(6) 在需要优化的项目列表中选中需要优化的项目，单击"立即优化"按钮即可。

【工作过程三】

为了防止黑客入侵该公司计算机窃取信息，故意在该公司计算机中植入病毒，该公司可以在所有计算机上安装防火墙，此处以天网防火墙为例进行讲解，操作步骤如下。

(1) 在天网防火墙官网下载最新版本的防火墙，并在公司所有计算机上安装。

(2) 选择"开始"|"所有程序"|"天网防火墙个人版"|"天网防火墙个人版"命令，启动天网防火墙。

(3) 在主界面上可以发现天网防火墙提供了四个可以选择的安全级别，分别是低、中、高、扩。将鼠标移到你所需的安全级别下，鼠标就会呈小手状，此处设置安全级别以"高"为例，单击鼠标左键，安全级别下的█图标将对准所选择的安全级别，表明设置成功。

(4) 单击主界面上的"系统设置"按钮⚙，打开系统设置面板。

(5) 在"启动"选项组中选中"开机后自动启动防火墙"复选框，则在计算机开机时就会自动启动防火墙，保护计算机不受外来病毒入侵。

为了避免由于公司员工自身的移动设备携带病毒，可以在公司计算机上安装一款专杀移动设备病毒的安全工具，此处以 USBCleaner 为例，在公司的每台计算机上安装 USBCleaner 后，当员工在计算机上插入移动设备时，首先会利用该软件对移动设备进行扫描，清除其所携带的病毒和威胁。

 ## 1.7　工作实训营

### 1.7.1　训练实例

#### 1. 训练内容

利用 360 安全卫士进行电脑体检，解决扫描出来的各种问题，并利用金山毒霸对计算机 C 盘进行杀毒。

#### 2. 训练目的

熟练使用安全工具软件对计算机进行常规维护及问题处理。

#### 3. 训练过程

具体实现步骤如下。

(1) 选择"开始"|"所有程序"|"360 安全中心"|"360 安全卫士"|"360 安全卫士"命令，或双击桌面上的 360 安全卫士快捷方式，打开"360 安全卫士"主界面，如图 1-52 所示。

(2) 单击"立即体检"按钮，进行电脑体检，体检结果如图 1-53 所示。

图 1-52　"360 安全卫士"主界面

图 1-53　电脑体检

(3) 单击"一键修复"按钮，即可完成所检问题的修复。

(4) 关闭 360 安全卫士，并选择"开始"|"所有程序"|"金山毒霸"|"金山毒霸"命令，或双击桌面上的金山毒霸 2012 图标按钮，打开"金山毒霸 2012"。

(5) 切换到"病毒查杀"选项卡，在其中单击"自定义查杀"按钮，弹出自定义路径界面，如图 1-54 所示。

图 1-54　自定义查杀路径

(6) 选中"系统盘(C:)"前面的复选框，单击"确定"按钮，即只对 C 盘进行病毒查杀。

**4．技术要点**

利用 360 安全卫士的"一键修复"功能对计算机中的系统问题进行整体修复，利用金山毒霸的"自定义查杀"功能，对计算机核心盘进行快速杀毒。

## 1.7.2　工作实践常见问题解析

【问题 1】浏览器图标出现异常或上不了网。

【答】可以在 360 安全卫士"系统修复"选项卡中单击"电脑门诊"按钮解决。

【问题 2】电脑运行速度缓慢。

【答】可以利用 360 安全卫士进行垃圾清理和插件清理。

【问题 3】QQ、飞信等账号密码经常被盗。

【答】可以利用 360 安全卫士查杀木马，防止木马盗号。

【问题 4】电脑出现大量来历不明的文件。

【答】可以利用金山毒霸进行病毒查杀。

【问题 5】电脑遭黑客入侵。

【答】可以安装个人防火墙来防止黑客袭击。

【问题 6】U 盘无法正常卸载。

【答】可以利用 USBCleaner 中的移动盘卸载功能来正常卸载 U 盘。

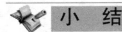 **小　结**

本章主要介绍了一些常用的安全工具软件：网络安全工具、防火墙、杀毒软件和 U 盘

保护工具等。通过本章的学习，读者必须熟练使用 360 安全卫士软件清理插件、修复漏洞等，学会配置个人防火墙以防止黑客入侵，能够灵活地运用一些杀毒软件顺利查杀电脑病毒，并要了解一些 U 盘保护工具，解决 U 盘工作时的一些常见问题。

## 习 题

1．使用 360 安全卫士对电脑进行全面体检，并清除上网所产生的垃圾文件。
2．为个人电脑配置个人防火墙。
3．使用金山毒霸对电脑进行病毒云查杀。
4．利用 USBCleaner 成功卸载插在电脑上的 U 盘。

# 第2章

## 系统优化和维护工具软件

 本章要点

- Windows 优化大师的基本概念及常用功能
- 超级兔子的概念及魔法设置
- 系统备份工具
- 完美卸载的基本概念及功能

### 技能目标

- 熟悉Windows 优化大师的常用操作,学会使用 Windows 优化大师进行系统优化
- 掌握超级兔子的魔法设置功能
- 了解常用的系统备份工具
- 熟练使用完美卸载软件卸载电脑中的程序

## 2.1 工作场景导入

**【工作场景】**

某学校机房的部分电脑由于很早投入使用，操作系统一直没有更换，近期发现这些电脑系统性能有明显的下降，系统运行速度非常慢。现需对这些电脑进行一个整体的优化、清理和维护，并对这些电脑进行个性化的系统设置。

**【引导问题】**

(1) 怎样进行系统优化？
(2) 怎样进行系统设置，以实现个性化？
(3) 清理电脑之前如何进行系统备份？
(4) 如何卸载电脑中的一些程序，提高其运行速度？

## 2.2 系统优化工具——Windows 优化大师

### 2.2.1 Windows 优化大师的基本概念

Windows 优化大师是一款功能强大的系统辅助软件，它提供了全面有效且简便安全的系统检测、系统优化、系统清理和系统维护四大功能模块及数个附加的工具软件。使用Windows 优化大师，能够有效地帮助用户了解自己的计算机软硬件信息；简化操作系统设置步骤；提升计算机运行效率；清理系统运行时所产生的垃圾；修复系统故障及安全漏洞；维护系统的正常运转。Windows 优化大师是获得了英特尔测试认证的全球软件合作伙伴之一，得到了英特尔在技术开发与资源平台上的支持，并针对英特尔多核处理器进行了全面的性能优化及兼容性改进。

本节以 Windows 优化大师 7.99 为例进行介绍，其主界面如图 2-1 所示。

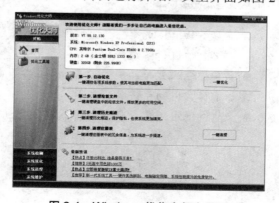

图 2-1　Windows 优化大师主界面

Windows 优化大师的主要功能特点如下。

(1) 具有全面的系统优化选项，向用户提供简便的自动优化向导，优化项目均提供恢复功能。

(2) 详细准确的系统检测功能，提供详细准确的硬件、软件信息，提供系统性能进一步提高的建议。

(3) 强大的清理功能，快速安全清理注册表，清理选中的硬盘分区或指定目录。

(4) 有效的系统维护模块，检测和修复磁盘问题，对文件加密与恢复。

## 2.2.2　系统检测

Windows 优化大师的系统检测提供系统的硬件、软件情况报告，同时提供的系统性能测试帮助您了解计算机的 CPU/内存速度、显卡速度等。检测结果可以保存为文件，方便今后的对比和参考。检测过程中，Windows 优化大师会对部分关键性能指标提出性能提升建议。

系统检测模块分为系统信息总览、软件信息列表和更多硬件信息 3 大类，如图 2-2 所示。

图 2-2　系统检测模块

单击"系统检测"栏中的"软件信息列表"按钮，主界面将显示各类软件的信息，如图 2-3 所示。

图 2-3　软件信息列表

单击"系统检测"栏中的"更多硬件信息"按钮，将弹出"更多硬件信息"窗口，如图 2-4 所示。

图 2-4 "更多硬件信息"窗口

## 2.2.3 系统优化

Windows 优化大师的系统优化功能包括：磁盘缓存优化、桌面菜单优化、文件系统优化、网络系统优化、开机速度优化、系统安全优化、系统个性设置、后台服务优化以及自定义设置项等。

### 1. 磁盘缓存优化

磁盘缓存优化可以提高磁盘和 CPU 的数据传输速度，具体步骤如下。

(1) 启动 Windows 优化大师，打开 Windows 优化大师的主界面。

(2) 在 Windows 优化大师的主界面上单击"系统优化"按钮，打开"系统优化"选项界面，默认为"磁盘缓存优化"选项界面，如图 2-5 所示。

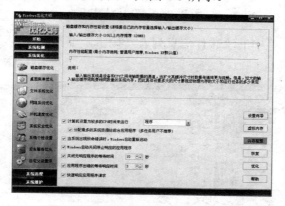

图 2-5 "磁盘缓存优化"选项界面

(3) 用户可以在"磁盘缓存优化"选项界面中对磁盘缓存和内存性能进行设置，根据自己的内存容量选择输入/输出缓存大小。

(4) 单击"设置向导"按钮，弹出"设置向导"对话框，如图 2-6 所示，用户可以根据提示完成磁盘缓存设置。

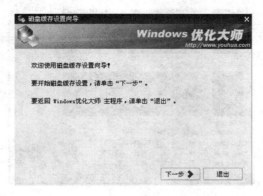

图 2-6　"设置向导"对话框

(5) 单击"虚拟内存"按钮，弹出"虚拟内存设置"对话框，如图 2-7 所示。用户可以对每个分区设置虚拟内存，设置完成后单击"确定"按钮即可。

图 2-7　"虚拟内存设置"对话框

(6) 单击"内存整理"按钮，弹出"Wopti 内存整理"对话框，如图 2-8 所示。单击"快速释放"按钮，即可释放内存，如图 2-9 所示。

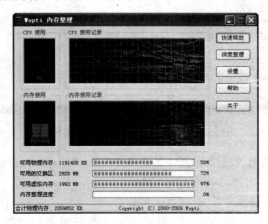

图 2-8　"Wopti 内存整理"对话框

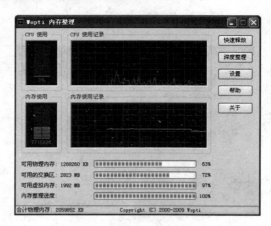

图 2-9　快速释放

(7) 返回"磁盘缓存优化"选项界面，单击"恢复"按钮，可将设置恢复成默认状态。单击"优化"按钮可以优化磁盘缓存。

### 2．开机速度优化

Windows 优化大师主要通过减少引导信息停留时间和取消不必要的开机自运行程序来实现开机速度的优化的，具体步骤如下。

(1) 启动 Windows 优化大师，打开 Windows 优化大师的主界面。

(2) 在 Windows 优化大师的主界面上单击"系统优化"按钮，打开"系统优化"选项界面。在"系统优化"选项界面上单击"开机速度优化"按钮，打开"开机速度优化"选项界面，如图 2-10 所示。

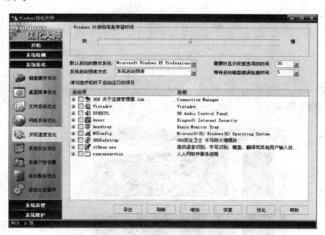

图 2-10　"开机速度优化"选项界面

(3) 在"开机速度优化"选项界面中的"Windows XP 启动信息停留时间"选项组中移动滑块可以调整 Windows XP 启动信息停留时间。

(4) 若需要取消某些开机自启动项目，可以在"启动项"列表中选中相应项目前面的复选框，然后单击"优化"按钮即可。若需要增加某些开机自启动项目，则单击"增加"按钮，弹出"增加开机自动运行的程序"对话框，如图 2-11 所示。

**图 2-11　"增加开机自动运行的程序"对话框**

(5) 单击  按钮，弹出"请选择系统启动时需自动运行的程序"对话框，如图 2-12 所示。选中需要启动的项目，单击"打开"按钮，返回"增加开机自动运行的程序"对话框。在"名称"文本框中输入项目名称，单击"确定"按钮，弹出提示成功添加开机自启动项目的对话框，单击"确定"按钮，将返回"开机速度优化"选项界面，最后单击"优化"按钮即可。

**图 2-12　"请选择系统启动时需自动运行的程序"对话框**

### 3．系统安全优化

使用 Windows 优化大师进行系统安全优化的步骤如下。

(1) 启动 Windows 优化大师，打开 Windows 优化大师的主界面。

(2) 在 Windows 优化大师的主界面上单击"系统优化"按钮，打开"系统优化"选项界面，然后单击"系统安全优化"按钮，打开"系统安全优化"选项界面，如图 2-13 所示。

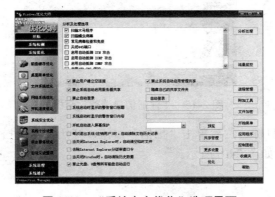

**图 2-13　"系统安全优化"选项界面**

(3) 在右窗格中选中"分析及处理选项"列表中的所有复选框，然后单击"分析处理"按钮，弹出"安全检查"对话框，检查结果如图 2-14 所示。单击"关闭"按钮关闭"安全检查"对话框。

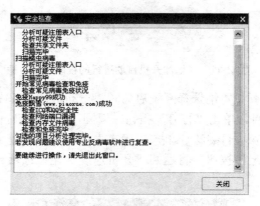

图 2-14 "安全检查"对话框

(4) 返回"系统安全优化"选项界面，用户可以选中"禁止用户建立空连接"、"隐藏自己的共享文件夹"等复选框，以便进一步增强系统的安全性。

## 2.2.4 系统清理

Windows 优化大师的系统清理功能包括：注册信息清理、磁盘文件管理、冗余 DLL 清理、ActiveX 清理、软件智能卸载、历史痕迹清理以及安装补丁清理等。下面以"注册信息清理"为例进行讲解，具体步骤如下。

(1) 启动 Windows 优化大师，打开 Windows 优化大师主界面。

(2) 在 Windows 优化大师主界面上单击"系统清理"按钮，打开"系统清理"选项界面，默认为"注册信息清理"面板，如图 2-15 所示。

图 2-15 "注册信息清理"面板

(3) 选中要扫描的目标，然后单击"扫描"按钮，开始扫描。扫描结束后，在列表中将显示冗余的注册信息，如图 2-16 所示。

图 2-16　扫描结果

(4) 选中要删除的注册信息，然后单击"删除"按钮即可。

## 2.2.5　系统维护

Windows 优化大师的系统维护功能包括：系统磁盘医生、磁盘碎片整理、驱动智能备份、其他设置选项、系统维护日志以及 360 杀毒等。下面以"系统磁盘医生"为例进行讲解，具体步骤如下。

(1) 启动 Windows 优化大师，打开 Windows 优化大师的主界面。

(2) 在 Windows 优化大师的主界面上单击"系统维护"按钮，打开"系统维护"选项界面，默认为"系统磁盘医生"选项界面。

(3) 在分区列表中选中要检查的分区，然后单击"检查"按钮，弹出说明与建议对话框，如图 2-17 所示。

图 2-17　说明与建议对话框

(4) 单击"确定"按钮，开始检查磁盘，检查结果如图 2-18 所示。

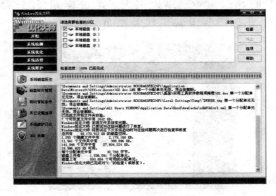

图 2-18　磁盘检查结果

（5）单击"选项"按钮，进入"系统磁盘医生"选项界面，可以设置系统磁盘医生选项，如图 2-19 所示。

图 2-19 "系统磁盘医生"选项界面

（6）单击"扫描"按钮，可以扫描所有受保护的系统文件并用正确的 Microsoft 版本替换不正确的版本。

## 2.3 系统设置工具——超级兔子魔法设置

### 2.3.1 初识超级兔子

超级兔子是一个完整的系统维护工具，可能清理大多数的文件、注册表里面的垃圾，同时还有强力的软件卸载功能，专业的卸载可以清理一个软件在电脑内的所有记录。超级兔子共有 9 大组件，可以优化、设置系统大多数的选项，打造一个属于自己的 Windows。超级兔子上网精灵具有 IE 修复、IE 保护、恶意程序检测及清除功能，还能防止其他人浏览网站，阻挡色情网站，以及端口的过滤等。

超级兔子系统检测可以诊断一台电脑系统的 CPU、显卡、硬盘的速度，由此检测电脑的稳定性及速度，还有磁盘修复及键盘检测功能。超级兔子进程管理器具有网络、进程、窗口查看方式的功能，同时超级兔子网站提供大多数进程的详细信息，是国内最大的进程库。本节以超级兔子 2012 为例进行讲解，其主界面如图 2-20 所示。

图 2-20 超级兔子 2012 主界面

超级兔子的主要功能如下。

### 1．超级兔子清理王

简单易用的系统优化软件，并且还能对常用的其他软件进行优化设置。

### 2．超级兔子魔法设置

常用的 Windows 设置软件，清晰的分类让您迅速找到相关功能，提供几乎所有 Windows
的隐藏参数调整。

### 3．超级兔子 IE 上网精灵

全面保护 IE，禁止 IE 弹出广告窗口及禁止漂浮广告，并可以对网站内容进行过滤。

### 4．超级兔子 IE 修复专家

清除被恶意网页修改的 IE 系统。

### 5．超级兔子安全助手

集合了开机密码、磁盘隐藏、文件夹伪装、文件加密、文件删除等安全功能。

### 6．超级兔子系统检测

测试系统的稳定性，查看硬件信息。

### 7．超级兔子系统备份

能够对注册表、收藏夹、驱动程序等重要信息进行备份。

### 8．超级兔子任务管理器

不需要在打开浏览器的情况下，快速找到所需的新闻、MP3、网页等资料。

### 9．超级兔子内存整理

为应用软件提供更多的可用物理内存。

## 2.3.2　超级兔子魔法设置

超级兔子魔法设置是一款专为初学电脑的用户制作的、安全的系统优化软件，拥有与
优化相关的功能，软件采用向导式操作方式，每一个操作步骤均有详细的解释和优化作用
的介绍，即使是不懂电脑的用户也能清楚地知道软件做了哪些优化，而且功能众多，能够
为用户解决许多实际问题。软件提供有自动备份注册表的功能，每次修改都会自动生成备
份文件，用户可以放心地进行操作，所有功能均有备份，只需要通过"还原上一次操作"
功能就可以恢复过来。

### 1．系统设置

超级兔子系统设置的具体步骤如下。

(1) 运行超级兔子 2012，进入"超级兔子 2012 主界面"，单击"魔法设置"按钮，打开

"魔法设置"面板，默认为"系统设置"选项卡，如图 2-21 所示。

图 2-21 "系统设置"选项卡

(2) 用户可在"经典功能"列表中选中需要优化的选项，单击"应用"按钮，就可加快系统运行效率。

(3) 单击"系统优化项目"按钮，将展开更多可以优化的项目，如图 2-22 所示，用户可在"系统优化项目"列表中选中需要优化项目前面的复选框，然后单击"应用"按钮即可。

图 2-22 系统优化项目

### 2. 个性化设置

超级兔子的个性化设置包括 IE 信息个性化、图标选项设置和输入法设置等功能，具体操作步骤如下。

(1) 运行超级兔子 2012，进入"超级兔子 2012 主界面"，单击"魔法设置"按钮，打开"魔法设置"面板，切换到"个性化设置"选项卡，如图 2-23 所示。

图 2-23 "个性化设置"选项卡

(2) 在"IE 信息个性化"的展开列表中列有 IE 版本号、IE 标题、IE 默认打开网页、IE 下载默认文件夹和默认搜索引擎等信息。用户可以在"IE 标题"文本框中输入个性化的标题，还可以更改默认打开的网页等。

(3) 单击"浏览"按钮，弹出"选择要加载的文件"对话框，如图 2-24 所示，选中某个需要加载的文件，单击"打开"按钮即可。

图 2-24 "选择要加载的文件"对话框

(4) 单击"图标选项设置"按钮，展开图标选项设置的信息，如图 2-25 所示。注意此时是以默认快捷方式标记，"浏览图片"按钮是灰色的，无法单击。

图 2-25 图标选项设置信息

(5) 选中"使用自定义快捷方式标记"单选按钮，此时"浏览图片"按钮变成黑色，单击"浏览图片"按钮，弹出"更改图标"对话框，如图 2-26 所示。根据个人喜好选中一个图标，单击"确定"按钮即可。

图 2-26　"更改图标"对话框

(6) 选中"去掉快捷方式标记"单选按钮，即可用透明图片替换原有"小箭头"。

(7) 单击"输入法设置"按钮，展开输入法设置信息，如图 2-27 所示。

图 2-27　输入法设置信息

(8) 单击"选择默认输入法"后面的下拉箭头，将弹出默认输入法的下拉列表，如图 2-28 所示。用户可以选择其择的某一种输入法作为默认输入法。

图 2-28　默认输入法下拉列表

(9) 在"设置输入法顺序"列表框中选中一个输入法，单击"上移"或者"下移"按钮可以调整输入法的排序。单击"快捷键"按钮，将弹出"输入法切换快捷键"对话框，如图 2-29 所示。

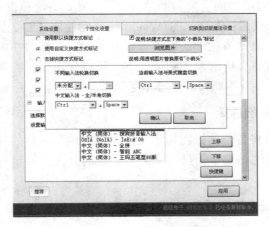

图 2-29　"输入法切换快捷键"对话框

(10) 用户可以在下拉列表中选择一种组合键作为切换输入法的快捷键，设置完成后单击"确认"按钮即可。

## 2.4　系统备份工具——Norton Ghost

### 2.4.1　Norton Ghost 简介

Norton Ghost 是最常用的系统备份工具，它原先为 Binary 公司所出品，后因该公司被著名的 Symantec 公司并购，因此该软件的后续版本就称之为 Norton Ghost。Norton Ghost 是一款适用于企业级使用的诺顿克隆精灵，提供功能强大的系统升级、备份和恢复、软件分发、PC 移植等的解决方案。本节以 Norton Ghost 11.0 为例进行讲解，其主界面如图 2-30 所示。

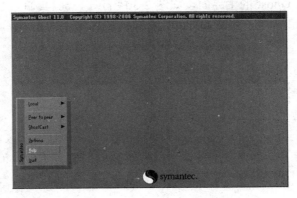

图 2-30　Norton Ghost 主界面

Norton Ghost 有以下几个特点。

### 1. 是系统升级、备份和恢复的好帮手

Norton Ghost 通过对硬盘的克隆帮助系统进行升级、备份和恢复，以快速简单的方法避免电脑中数据的遗失或损毁；人性化的 Windows 界面使您能够更加轻松地对整个硬盘或硬盘分区做常规的备份。时刻为意外的发生做好准备，对于那些在电脑中存有重要数据的专业人士，在无法预测意外会何时发生的情况下，可以使用诺顿克隆精灵定期备份硬盘，当系统故障或其他意外事件发生时可以迅速地通过硬盘镜像恢复丢失或损毁的数据和文档。

### 2. 提供多样化的备份选择

Norton Ghost 可以将备份的磁盘影像文件存放在现今流行的各种移动存储介质或另外一台电脑中，不论针对的是整个硬盘还是某个硬盘的分区，甚至可以针对特别指定的重要资料或个别文档做备份。

### 3. 大大缩短了系统升级所需的时间

如果想换一个新的硬盘，或换一台新的电脑，诺顿克隆精灵可以帮助您快速地将资料复制到新的硬盘中去，免去重装系统的烦琐程序，大幅地缩短电脑升级的时间。由于诺顿克隆精灵支持多种 Windows 版本，不论升级到哪种操作系统，都不必另外重建资料，节省了宝贵的时间。

Norton Ghost 除了具有专业版的特点外，还有远程客户机备份恢复等功能。

## 2.4.2 使用 Norton Ghost 备份操作系统

### 1. 使用 Norton Ghost 对系统进行备份

Norton Ghost 是一款极为出色的硬盘"克隆"工具，它可以在最短的时间内给用户的硬盘数据以最强大的保护，具体操作步骤如下。

(1) 将 Norton Ghost 安装到除 C 盘(安装系统的磁盘分区)以外的其他分区。Norton Ghost 最好在纯 DOS 下运行，当然较高版本已经推出了可在 Windows 下运行的功能了。启动 Norton Ghost 后，会进入一个类似 Windows 的界面，支持鼠标和键盘。

(2) 进入 Norton Ghost 的主界面，如图 2-30 所示。一般我们只对本地计算机备份，故在主界面中选择 Local 命令，弹出 Local 子菜单，如图 2-31 所示。

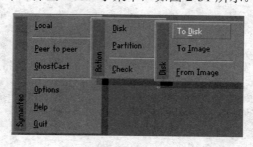

图 2-31　Local 子菜单

(3) Local 子菜单中有以下几个命令。

Disk 是对硬盘进行操作，其中 To Disk 是指硬盘对硬盘完全复制；To Image 是指硬盘内容备份成镜像文件；From Image 是指从镜像文件恢复到原来硬盘。

Partition 是对硬盘分区进行操作，其中 To Partition 是指分区对分区完全复制；To Image 是指分区内容备份成镜像文件；From Image 是指从镜像文件复原到分区。

Check 是对镜像文件和磁盘进行检查。

(4) 一般只需要对系统备份。所以这里就以备份 C 盘为例来讲解。选择 Local | Partition | To Image 命令，切换到如图 2-32 所示的界面。在这里选择要备份分区所在的磁盘，图中所示的电脑只有一个磁盘，单击 OK 按钮，弹出如图 2-33 所示的界面。

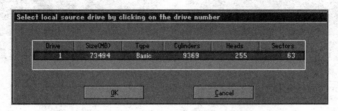

图 2-32　选择要备份分区所在的磁盘

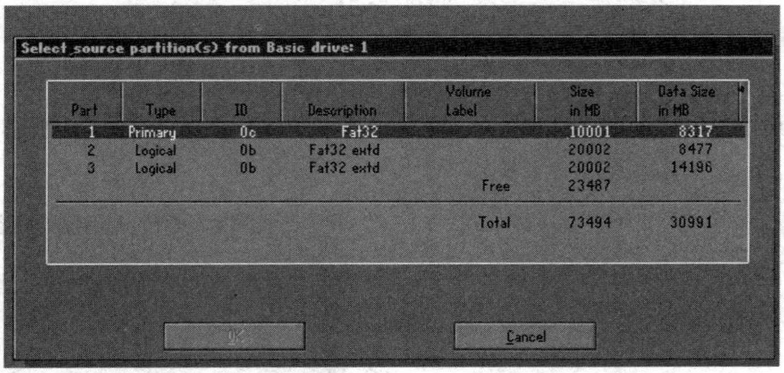

图 2-33　选择要备份的分区

(5) 在"选择要备份的分区"列表中选择第一个分区，然后单击 OK 按钮。

(6) 在 File name to copy image to 对话框中选择分区或光盘，以及要保存的文件夹，输入备份文件的文件名，单击 Save 按钮，如图 2-34 所示。

(7) 在弹出的 Compress Image 对话框中，选择是否压缩，其中 No 指不压缩，Fast 指低压缩，High 指高压缩。一般选择 High，可以压缩 50%，但是速度较慢。如果硬盘容量足够大，选择 Fast 备份数据时不易出错，如图 2-35 所示。

(8) 在弹出的 Compress Image 对话框中，单击 Yes 按钮，就开始备份了。

(9) 在界面中将显示备份的进度和详细信息等。结束后，关闭 Norton Ghost 即可。

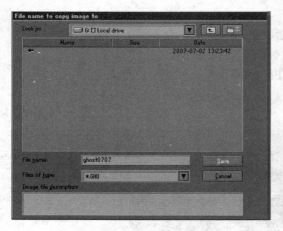

图 2-34　选择保存备份的分区　　　　　图 2-35　选择是否压缩

### 2．使用 Norton Ghost 对系统进行恢复

如果已经使用 Norton Ghost 对系统进行了备份，使用 Norton Ghost 还原系统的操作是很简单的，下面就上机实际操作，具体步骤如下。

（1）打开 Norton Ghost 软件，依次选择 Local | Partition | Form Image 命令，如图 2-36 所示。

（2）进入 Image file name to restore from 对话框，如图 2-37 所示。选择备份文件所在的路径，找到备份文件，单击 Open 按钮。

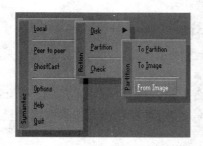

图 2-36　选择系统还原　　　　　　　图 2-37　选择备份文件

（3）依次选择要还原的硬盘和分区及操作确认对话框，单击 Yes 按钮，开始恢复。

## 2.5　完美卸载工具——完美卸载

由于计算机软件越装越杂，文件越来越多，计算机的运行速度变得越来越慢，磁盘空间越来越少，经常报告虚拟内存不足，时不时受到木马、流氓软件的威胁，IE 网页速度也非常缓慢，软件卸载不彻底，计算机似乎越来越慢，越来越不安全。完美卸载软件正是一款帮电脑减压的软件，是专业的电脑清洁工和电脑加速器。

## 2.5.1　完美卸载的基本概念

完美卸载是一款以软件卸载、系统清理为主的系统优化软件，它拥有安装监视、智能卸载、闪电清理、闪电修复、广告截杀、垃圾清理等功能，并带有强大的系统防护、维护功能。本节以完美卸载 V30.3 为例进行讲解，其主界面如图 2-38 所示。

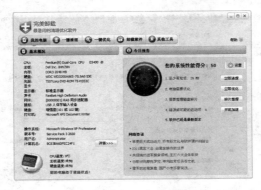

图 2-38　完美卸载 V30.3 主界面

完美卸载软件的主要功能如下。

### 1．智能的安装监控

自动监控软件安装操作，为日后卸载做好记录，在软件捆绑盛行的今天尤为重要。

### 2．全面的软件卸载

软件卸载的"白金刀片"，双重卸载清理，更有手工卸载帮助用户卸载任何软件。

### 3．全面的垃圾清理

流氓软件、硬盘垃圾、各种历史记录、废弃文件、注册表垃圾，全部智能安全地扫描清除。

### 4．卸载 IE 工具条与 IE 修复

解决 IE 运行慢的问题，打开 IE 出错，打不开网页等诸多上网问题。

### 5．卸载启动项

解决电脑启动慢的问题，可以帮助用户分析出木马或可疑软件，及时断其启动慢的源头。

### 6．丰富的附属工具

解决其他卸载和清理难题。软件搬家，即软件可以在存储的硬盘中自由移动。

## 2.5.2　一键清理与一键优化

### 1. 一键清理

完美卸载的"一键清理"功能可以清理恶意软件、垃圾文件、历史痕迹、注册表错误和垃圾以及废弃的系统文件等，具体操作步骤如下。

(1) 运行完美卸载 V30.3，进入完美卸载主界面。

(2) 在完美卸载主界面中切换到"一键清理"选项卡，如图 2-39 所示。

图 2-39　"一键清理"选项卡

(3) 单击"扫描电脑"按钮，开始扫描，扫描结束后弹出"完成"对话框，如图 2-40 所示。

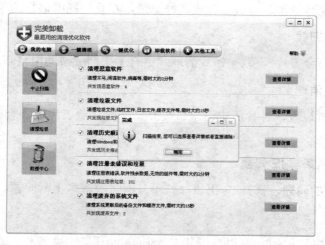

图 2-40　扫描结果

(4) 单击"确定"按钮，返回"一键清理"选项卡，根据需要选择某项查看详情，例如单击"清理恶意软件"后面的"查看详情"按钮，弹出"恶意软件报告"对话框，如图 2-41 所示。

图 2-41　"恶意软件报告"对话框

(5) 单击"确定"按钮，返回"一键清理"选项卡，选中需要清理的项目前的复选框，单击"清理垃圾"按钮，弹出"确认"对话框，如图 2-42 所示，单击"是"按钮即可成功地实现一键清理，单击"否"按钮，将把垃圾文件放入救援中心。

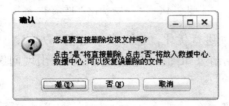

图 2-42　"确认"对话框

(6) 若用户发现这些文件不能删除，单击"救援中心"按钮，将弹出"恢复中心"对话框，如图 2-43 所示。单击"恢复"按钮，可恢复误清理的文件，单击"删除"按钮，可将这些文件彻底清理。

图 2-43　"恢复中心"对话框

## 2．一键优化

完美卸载的一键优化功能可以快速优化包括 CPU、内存、硬盘等几十项 Windows 设置，使系统达到最佳性能，具体步骤如下。

(1) 运行完美卸载 V30.3，进入完美卸载主界面。

(2) 在完美卸载主界面中切换到"一键优化"选项卡，如图 2-44 所示。

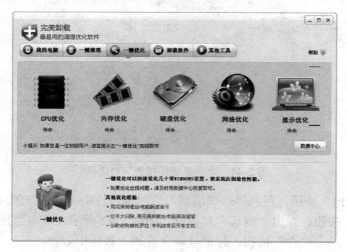

图 2-44  "一键优化"选项卡

(3) 用户可以选择某一项进行优化，也可以单击左下方的"一键优化"按钮，快速优化几十项 Windows 设置，优化结果如图 2-45 所示。若优化出现问题，可以单击"救援中心"按钮进行恢复。

图 2-45  优化结果

## 2.5.3  卸载软件

### 1. 智能卸载

完美卸载提供了一种非常简单的卸载方式——智能卸载，用户只需要将软件的快捷图标拖到智能卸载下的软件垃圾箱中即可进行卸载，具体步骤如下。

(1) 运行完美卸载 V30.3，进入完美卸载主界面。

(2) 在完美卸载主界面中切换到"卸载软件"选项卡，如图 2-46 所示。

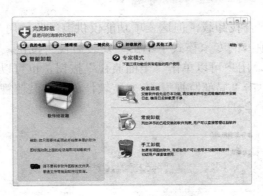

图 2-46　"卸载软件"界面

(3) 将桌面上或"开始"菜单里的软件图标拖动到智能卸载下方的"软件垃圾箱"中，例如卸载腾讯视频，将桌面上的腾讯视频图标拖动到软件垃圾箱，如图 2-47 所示。

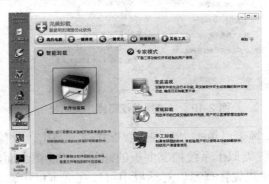

图 2-47　智能卸载

(4) 拖动后将弹出"腾讯视频 2011 卸载程序"对话框，如图 2-48 所示，单击"卸载"按钮即可卸载该程序。

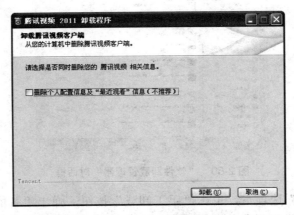

图 2-48　"腾讯视频 2011 卸载程序"对话框

## 2．专家模式

完美卸载的专家模式有安装监视、常规卸载和手工卸载 3 种方式，它的功能更全面，它把软件进行分类，方便查找卸载，但这三项功能仅供有经验的用户使用。

在"卸载软件"选项卡的专家模式下单击"安装监视"按钮，弹出"选择监视范围"对话框，如图 2-49 所示，用户可以单击"全面监视"按钮，也可以在系统分区和其他分区中选择某个分区，然后单击"局部监视"。在安装软件前先安装监视可生成准确的软件安装日志，确保日后卸载更干净。

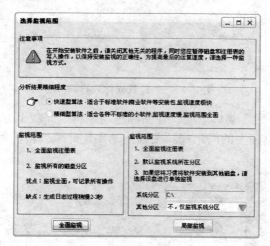

图 2-49　"选择监视范围"对话框

返回"卸载软件"选项卡，单击"常规卸载"按钮，弹出"软件卸载管理器"对话框，如图 2-50 所示。常规卸载类似于系统控制面板的卸载，功能更全面，它把软件进行分类，方便查找卸载。在"软件卸载管理器"对话框中可以在文本框中输入要查找的软件名称，然后单击🔍图标按钮，也可以在左栏列表中单击工具的分类，将在右栏中具体显示对应软件的名称，选中需要卸载的软件，单击"卸载"按钮，即可成功卸载该软件。

图 2-50　"软件卸载管理器"对话框

返回"卸载软件"选项卡，单击"手工卸载"按钮，弹出"智能卸载"对话框，如图 2-51 所示。在卸载类型列表中选中某项，单击"下一步"按钮，弹出"选择要卸载的软件"对话框，如图 2-52 所示。选中某个软件，单击"打开"按钮，弹出"软件智能卸载-完美卸载"对话框，如图 2-53 所示。单击"开始卸载"按钮，即可成功卸载。

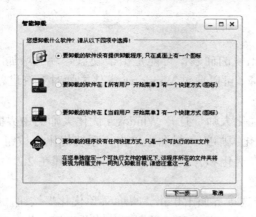

图 2-51　"智能卸载"对话框

图 2-52　"选择要卸载的软件"对话框

图 2-53　"软件智能卸载-完美卸载"对话框

 ## 2.6　回到工作场景

通过 2.2～2.5 节内容的学习，您应该掌握了系统优化和维护工具软件的使用方法，此时足以完成 2.1 节工作场景中的任务。具体的实现过程如下。

【工作过程一】

分析该机房电脑所出现的问题，可能是由于硬盘碎片的增加、软件删除留下的无用注册文件导致系统性能下降。可以通过 Windows 优化大师对系统进行优化，提高电脑的性能，具体步骤如下。

(1) 启动 Windows 优化大师，打开 Windows 优化大师的主界面。

(2) 在 Windows 优化大师的主界面上单击"系统优化"按钮，打开"系统优化"选项界面，首先进行磁盘缓存优化和开机速度优化，具体步骤在 2.2.3 节已详细讲述，此处以桌面菜单优化为例进行讲解。

(3) 在"系统优化"选项界面上单击"桌面菜单优化"按钮，打开"桌面菜单优化"选项界面，如图 2-54 所示。移动滑块可以设置开始菜单速度、菜单运行速度和桌面图标缓存。

图 2-54　"桌面菜单优化"选项界面

(4) 单击"重建图标"按钮，弹出确认对话框，如图 2-55 所示。

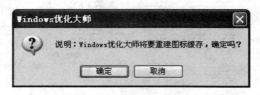

图 2-55　确认对话框

(5) 单击"确定"按钮，返回"桌面菜单优化"选项界面，然后单击"恢复"按钮，弹出"Windows 优化大师"确认对话框，如图 2-56 所示。

图 2-56　"Windows 优化大师"确认对话框

(6) 单击"确定"按钮，返回"桌面菜单优化"选项界面，然后单击"优化"按钮就可以优化桌面图标了。

**【工作过程二】**

为了将这些性能不好的电脑与其他电脑区别开来，可以使用超级兔子对系统进行个性化设置，具体步骤如下。

(1) 运行超级兔子 2012，进入"超级兔子 2012 主界面"，单击"魔法设置"按钮，打开"魔法设置"面板，单击"切换到旧版魔法设置"按钮，可以打开"超级兔子魔法设置 2011 个人版"界面，如图 2-57 所示(选用旧版界面是为了方便用户入门)。

**图 2-57　"超级兔子魔法设置 2011 个人版"界面**

(2) 单击"个性化"按钮，打开"个性化"选项界面，默认打开"输入法顺序"选项卡，如图 2-58 所示。

**图 2-58　"个性化"选项界面**

(3) 在输入法列表中选中一个输入法，单击"上移"或者"下移"按钮可以调整输入法的排序；单击"删除"按钮即可删除选中的输入法。用户还可以选择是否关闭文字服务以及开机启动输入法指示器。

(4) 切换到"文件夹图标"选项卡，如图 2-59 所示。

图 2-59　"文件夹图标"选项卡

(5) 在列表中选中要更改图标的文件夹并右击，在弹出的快捷菜单中选择"更改图标"命令，弹出"更改图标"对话框，如图 2-60 所示。

图 2-60　"更改图标"对话框

(6) 选中一个图标，然后单击"确定"按钮，弹出修改成功对话框，如图 2-61 所示。

图 2-61　修改成功对话框

(7) 单击"确定"按钮，返回"文件夹图标"选项卡，再单击"确定"按钮即可。

由于系统运行速度缓慢，可以使用完美卸载工具卸载电脑中的一些程序，来减少电脑运行负担，提高系统性能。在进行卸载之前，最好对系统进行一次备份，防止由于误删某些重要文件而导致系统瘫痪。使用 Norton Ghost 备份操作系统的具体步骤详见本章 2.4.2 节，使用完美卸载工具卸载电脑中程序的具体步骤详见本章 2.5.3 节，此处不再重复。

## 2.7　工作实训营

### 2.7.1　训练实例

**1．训练内容**

利用 Windows 优化大师进行文件系统优化，并使用超级兔子对电脑桌面和图标进行个性化设置。

**2．训练目的**

熟练使用系统优化和维护工具软件。

**3．训练过程**

具体实现步骤如下。

(1) 启动 Windows 优化大师，打开 Windows 优化大师的主界面。

(2) 在 Windows 优化大师的主界面上切换到"系统优化"选项卡，单击"系统优化"栏的"文件系统优化"按钮，打开"文件系统优化"选项界面，如图 2-62 所示。

图 2-62　"文件系统优化"选项界面

(3) 移动滑块可以设置二级数据高级缓存的大小、CD/DVD-ROM 优化选择以及其他一些复选项。单击"高级"按钮，弹出"毗邻文件和多媒体应用程序优化设置"对话框，如图 2-63 所示。

图 2-63　"毗邻文件和多媒体应用程序优化设置"对话框

(4) 移动滑块进行设置。设置完毕后单击"确定"按钮，弹出确认对话框，单击"确定"按钮，返回"文件系统优化"选项界面。

(5) 单击"恢复"按钮，弹出"Windows 优化大师"确认对话框，如图 2-64 所示。单击"确定"按钮即可恢复默认设置。

图 2-64　"Windows 优化大师"确认对话框

(6) 返回"文件系统优化"选项界面，单击"优化"按钮，就可以按照用户设置优化文件系统了。

(7) 关闭 Windows 优化大师软件，启动超级兔子 2012，进入"超级兔子 2012 主界面"，单击"魔法设置"按钮，打开"魔法设置"选项界面，单击"切换到旧版魔法设置"按钮，就可以打开"超级兔子魔法设置 2011 个人版"界面。

(8) 单击"桌面及图标"按钮，进入"桌面及图标"选项界面，如图 2-65 所示。

图 2-65　"桌面及图标"面板

(9) 选中一个图标，然后单击"更改图标"按钮，弹出"更改图标"对话框，如图 2-66 所示。选中要更改后的图标，然后单击"确定"按钮即可。

图 2-66　"更改图标"对话框

(10) 切换到"快速启动栏"选项卡，如图 2-67 所示。

图 2-67  "快速启动栏"选项卡

　　(11) 在列表中选中一个项，然后单击"删除"按钮即可删除该项；单击"新建"按钮，弹出"浏览文件夹"对话框，如图 2-68 所示。选中文件后，单击"确定"按钮返回"桌面及图标"选项界面，然后单击"确定"按钮即可。

图 2-68  "浏览文件夹"对话框

### 4．技术要点

　　利用 Windows 优化大师的"系统优化"功能可对文件系统进行优化，利用超级兔子的"魔法设置"功能，可对桌面及图标进行个性化设置。

## 2.7.2  工作实践常见问题解析

　　【问题 1】电脑使用一段时间后，运行速度非常缓慢。
　　【答】可以使用 Windows 优化大师对电脑进行优化，提高运行速度。
　　【问题 2】电脑桌面图标太难看，怎样才能拥有自己的特色图标？
　　【答】可以使用超级兔子魔法设置对电脑桌面图标进行个性化设置。
　　【问题 3】重装系统之前如何进行系统备份？
　　【答】可以利用 Norton Ghost 对操作系统进行备份。
　　【问题 4】电脑中有些软件无法卸载干净。

【答】可以使用完美卸载工具对这些软件进行彻底卸载。

【问题 5】电脑系统中存在许多垃圾，如何清理干净？

【答】可以使用 Windows 优化大师进行系统清理。

## 小　结

本章主要介绍了一些常用的系统优化和维护工具软件：系统优化工具、系统设置工具、系统备份工具和完美卸载工具等。通过本章的学习，读者必须熟练使用 Windows 优化大师进行系统检测、系统优化、系统清理和系统维护等，学会对系统进行个性化设置，能够利用 Norton Ghost 备份操作系统，并要了解一些卸载工具，解决某些软件无法卸载干净的问题。

## 习　题

1. 使用 Windows 优化大师对系统进行优化，并清理系统的垃圾文件。
2. 使用超级兔子对系统进行个性化设置。
3. 使用 Norton Ghost 备份操作系统。
4. 使用完美卸载软件卸载电脑中的程序并清理垃圾。

# 第 3 章

## 磁盘工具软件

 本章要点

- PartitionMagic 的基本概念及操作
- Vopt 的常用操作
- CCleaner 的基本概念及常用操作
- EasyRecovery 的基本概念及功能

技能目标

- 学会使用 PartitionMagic 新建和合并分区
- 学会整理磁盘碎片
- 学会使用 CCleaner 清理磁盘和注册表
- 学会使用 EasyRecovery 进行数据恢复

# 3.1 工作场景导入

**【工作场景】**

某学校机房的电脑由于学生的不良使用习惯，造成了部分磁盘的负荷过重，现需整理这些磁盘碎片，并对磁盘空间进行擦除与维护。

**【引导问题】**

(1) 如何分析磁盘错误？

(2) 如何分卷整理磁盘碎片？

(3) 如何擦除磁盘空间？

(4) 如何设置 Cookies 的保留和删除？

# 3.2 硬盘分区工具——PartitionMagic

## 3.2.1 PartitionMagic 的基本概念

PartitionMagic 分区魔术师是 PowerQuest 公司出品的一个高性能、高效率的磁盘分区软件，是一个优秀硬盘分区管理工具。该工具可以在不损失硬盘中已有数据的前提下对硬盘进行重新分区、格式化分区、复制分区、移动分区、隐藏/重现分区、从任意分区引导系统、转换分区结构属性等。PartitionMagic 的主要功能如下。

(1) 将单个硬盘驱动器划分为两个或多个分区。

(2) 允许在同一 PC 上安全运行多个操作系统。

(3) 通过 BootMagic™ 可以在不同操作系统之间轻松切换。

(4) 在不丢失数据的情况下，允许用户根据需要复制、移动、调整、拆分或合并分区。

(5) 操作向导会引导用户逐步完成分区。

(6) 基于 Windows&reg 的直观浏览器允许用户在 Windows 和 Linux&reg 分区上查找、复制和粘贴文件。

(7) 允许用户创建和修改容量高达 300 GB 的分区。

(8) 支持 USB 2.0、USB 1.1 和 FireWire&reg 外部设备。

(9) 支持 FAT、FAT32、NTFS、EXT2 和 EXT3 文件系统。

(10) 在 FAT、FAT32 和 NTFS 之间转换分区，而不会丢失数据。

(11) 无须重新启动计算机即可扩大 NTFS 分区。

(12) 将 NTFS 系统块调整为最经济的大小。

(13) 在分区小于全部容量的 90%时，支持在容量高达 300 GB 的分区上进行操作。硬盘驱动器容量越大，需要的内存就越多。

(14) 可以对没有文件被打开的分区执行操作。

本节将以 PartitionMagic 8.0 为例进行讲解,其主界面如图 3-1 所示。

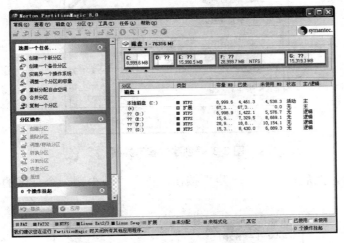

图 3-1　PartitionMagic 8.0 主界面

## 3.2.2　新建分区

新建分区可以降低系统盘的容量,保证良好的运算速度。在计算机上新建分区的具体操作步骤如下。

(1) 选择"开始"|"所有程序"|Norton PartitionMagic 8.0|Norton PartitionMagic 8.0 命令,或双击桌面上的 PartitionMagic 快捷方式图标,打开 PartitionMagic 主界面。

(2) 在主界面上单击"创建一个新分区"按钮,弹出"创建新的分区"界面,如图 3-2 所示。

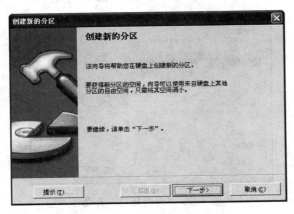

图 3-2　"创建新的分区"界面

(3) 单击"下一步"按钮,进入"创建位置"界面,如图 3-3 所示。

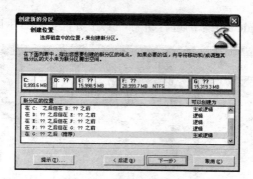

图 3-3　"创建位置"界面

（4）选择 G 盘，然后单击"下一步"按钮，进入"减少哪一个分区的空间"界面，如图 3-4 所示。

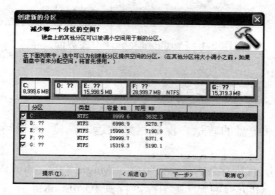

图 3-4　"减少哪一个分区的空间"界面

（5）选择一个分区，然后单击"下一步"按钮，进入"分区属性"界面，如图 3-5 所示。

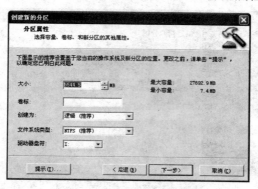

图 3-5　"分区属性"界面

（6）设置分区的大小、卷标、文件系统类型以及驱动器盘符等，然后单击"下一步"按钮，进入"确认选择"界面，如图 3-6 所示。

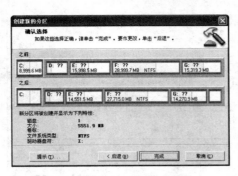

图 3-6　"确认选择"界面

(7) 单击"完成"按钮，返回到主界面，然后单击"应用"按钮，弹出"警告"对话框，如图 3-7 所示。

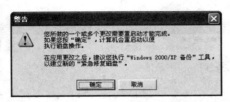

图 3-7　"警告"对话框

(8) 单击"确定"按钮开始重启计算机并扫描磁盘。待扫描结束后重新启动计算机并运行 PartitionMagic 软件，在主界面上就可以看见新建的分区。

### 3.2.3　合并分区

合并分区就是将两个相邻的分区转换成一个分区，即合并的两个分区必须相邻。合并分区的具体步骤如下。

(1) 在主界面上单击"合并分区"按钮，弹出"合并分区"对话框，如图 3-8 所示。

(2) 单击"下一步"按钮，进入"选择第一分区"界面，如图 3-9 所示。

图 3-8　"合并分区"对话框

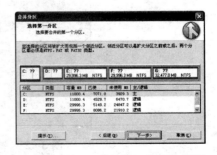

图 3-9　"选择第一分区"界面

(3) 选中 F 盘，然后单击"下一步"按钮，进入"选择第二分区"界面，如图 3-10 所示。

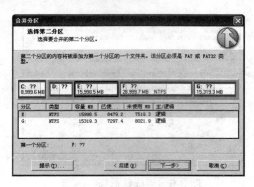

图 3-10 "选择第二分区"界面

(4) 选择 G 分区，然后单击"下一步"按钮，进入"选择文件夹名称"界面，如图 3-11 所示。

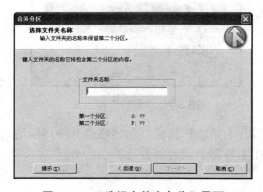

图 3-11 "选择文件夹名称"界面

(5) 在"文件夹名称"文本框中输入保存第二分区内容的文件夹名称，然后单击"下一步"按钮，进入"驱动器盘符更改"界面，如图 3-12 所示。

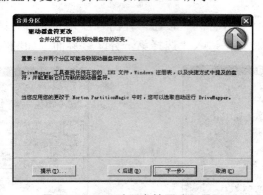

图 3-12 "驱动器盘符更改"界面

(6) 单击"下一步"按钮，进入"确认分区合并"界面，如图 3-13 所示。

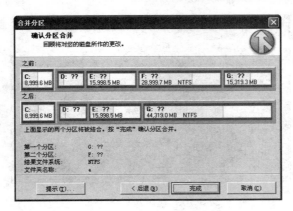

图 3-13　"确认分区合并"界面

(7) 单击"完成"按钮返回到主界面，然后单击"应用"按钮，弹出"应用更改"对话框，如图 3-14 所示。

(8) 单击"是"按钮，弹出"警告"对话框，如图 3-15 所示。

图 3-14　"应用更改"对话框

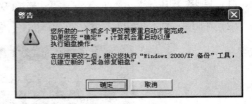

图 3-15　"警告"对话框

(9) 单击"确定"按钮，开始重启计算机并合并分区。待合并完成后，再次重启计算机就可以完成分区合并了。

## 3.3　磁盘碎片整理工具——Vopt

### 3.3.1　Vopt 的基本概念

软件 Vopt 的操作简单、速度快，是一款不可多得的磁盘整理工具。它不但整理速度快，而且还提供了检查磁盘、清理临时文件夹等方便实用的功能。Vopt 主要有如下性能。

(1) 最大分区容量支持到 16TB。

(2) 单个文件可以使用拖曳的方式进行整理。

(3) 改善整理和压缩引擎。

(4) 加快空闲空间的清理速度。

(5) 清理时显示摘要信息。

(6) 改善了国际化语言本地化的支持。

本节以 Vopt 9.11 为例进行介绍，其主界面如图 3-16 所示。

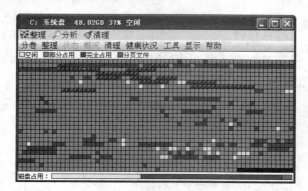

图 3-16　Vopt 9.11 主界面

## 3.3.2　整理磁盘碎片

使用 Vopt 9.11 进行磁盘分析和整理碎片的具体操作步骤如下。

(1) 选择"开始"|"所有程序"|Vopt 9| Vopt，打开 Vopt 9.11 主界面。

(2) 单击工具栏上的"分析"按钮，开始分析磁盘，如图 3-17 所示。

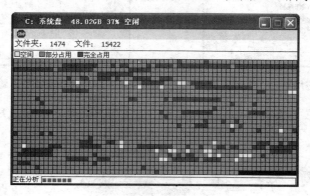

图 3-17　分析磁盘

(3) 分析完毕后，会弹出分析结果，如图 3-18 所示，用户还可以根据主界面上的颜色显示来了解碎片的分布情况。

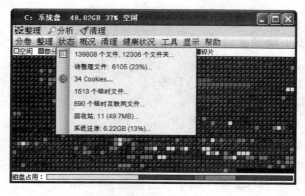

图 3-18　分析结果

(4) 分析完磁盘碎片的情况后，用户可根据磁盘碎片的情况决定是否进行碎片整理。在主界面中单击工具栏上的“整理”按钮，开始整理碎片，如图 3-19 所示。

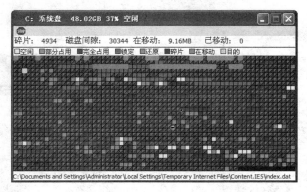

图 3-19　开始整理碎片

(5) 若用户要终止碎片整理工作，可以单击 stop 按钮，弹出整理结果，如图 3-20 所示。

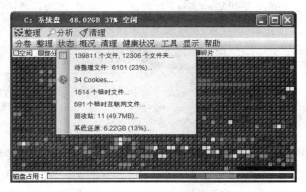

图 3-20　暂停整理结果

(6) 整理完成后，主界面上将看不见碎片标志(由于碎片整理需要花费很长时间，用户可以在空闲的时候整理碎片)。

(7) 选择“状态”|“碎片”命令，弹出碎片的“概况”对话框，查看碎片情况，如图 3-21 所示。

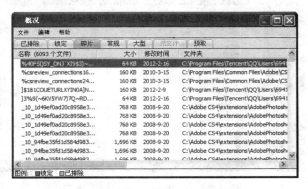

图 3-21　碎片的“概况”对话框

(8) 在主界面上单击"清理"按钮，弹出 Vopt"清理"对话框，如图 3-22 所示。

(9) 选中一项后单击"视图"按钮，弹出 Cookies 查看对话框，可以查看其情况，如图 3-23 所示。

图 3-22 "Vopt 清理"对话框

图 3-23 查看对话框

(10) 关闭查看对话框，在"Vopt 清理"对话框中单击"应用"按钮即可。

## 3.4 磁盘清洁工具——CCleaner

### 3.4.1 CCleaner 的基本概念

CCleaner 是一款免费的系统优化和隐私保护工具。CCleaner 主要用来清除 Windows 系统不再使用的垃圾文件，以腾出更多的硬盘空间。它的另一大功能是清除使用者的上网记录。CCleaner 的体积小，运行速度极快，可以对临时文件夹、历史记录、回收站等进行垃圾清理，并可对注册表进行垃圾项扫描、清理，而且附带软件卸载功能。本节以 CCleaner 中文版为例进行讲解，其主界面如图 3-24 所示。

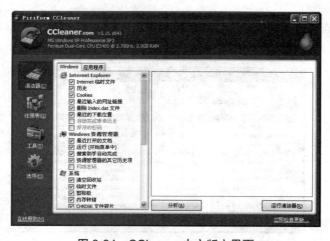

图 3-24 CCleaner 中文版主界面

CCleaner 中文版软件的主要功能如下。

(1) 清理临时文件夹、历史记录、回收站等垃圾信息。

(2) 扫描清理注册表垃圾键值。

(3) 内置软件卸载模块，可以选择卸载软件或者选择仅删除卸载条目。

(4) 支持清除 IE、Firefox、Oprea 等浏览器的历史记录、Cookies、自动表单记录等隐私信息。

(5) 可以选择清理常用软件的历史使用记录，如 Media Player、WinRAR、Netscape、MS Office、Adobe Acrobat、画笔、记事本等，免费使用，不含任何间谍软件和垃圾程序。

## 3.4.2　CCleaner 清洁器与注册表

### 1．CCleaner 清洁器

当浏览网页或打开一些文档时，系统中会产生一些临时文件和历史记录等。清洁器是 CCleaner 的主要功能模块，可以清除无用的垃圾文件和临时文件，达到优化系统的目的，并能清除上网留下的活动踪迹和残留的文件，达到保护个人隐私的目的，但不会删除对用户有用的文件资料，具体操作步骤如下。

(1) 运行 CCleaner 中文版，进入 CCleaner 中文版主界面。

(2) 默认打开的是"清洁器"选项界面中的 Windows 选项卡，单击"分析"按钮，开始分析 Windows 中的垃圾文件，分析完成后会列出要删除文件的详细信息，如图 3-25 所示。

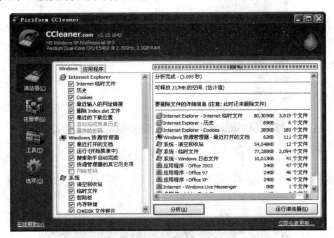

**图 3-25　分析结果**

(3) 单击"运行清洁器"按钮，会弹出提示确认删除的对话框，如图 3-26 所示。

**图 3-26　确认删除对话框**

(4) 单击"确定"按钮，即可成功清理，如图 3-27 所示。

图 3-27　成功清理

### 2．CCleaner 清理注册表

"注册表"是分析用户计算机更为高级的功能模块，能够找出存在于系统注册表里的问题和矛盾，并做出补救，CCleaner 还可对注册表进行垃圾项扫描、清理，具体操作步骤如下。

(1) 在 CCleaner 主界面上单击"注册表"按钮，打开"注册表"选项界面，如图 3-28 所示。

图 3-28　"注册表"选项界面

(2) 在"注册表"选项界面中单击"扫描问题"按钮，开始扫描注册表，扫描结果如图 3-29 所示。

图 3-29　扫描结果

(3) 单击"修复所选问题"按钮，弹出提示备份对话框，如图 3-30 所示。

图 3-30　提示备份对话框

(4) 单击"是"按钮，弹出"另存为"对话框，如图 3-31 所示，选择需要存放的位置，单击"保存"按钮。

图 3-31　"另存为"对话框

(5) 备份之后弹出问题对话框，如图 3-32 所示，单击"修复所有选定的问题"按钮，即可修复所有选定的问题，修复结果如图 3-33 所示，单击"关闭"按钮。

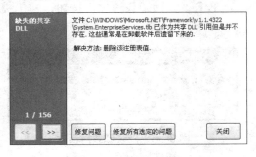

图 3-32　问题对话框

图 3-33　修复成功对话框

### 3.4.3 工具

"工具"功能模块允许在计算机运行时卸载或启动已被安装的程序和应用软件。

#### 1．卸载程序

利用 CCleaner 可以卸载一些软件，也可以允许或禁止启动项，具体步骤如下。

(1) 运行 CCleaner 中文版软件，进入 CCleaner 中文版主界面。

(2) 在 CCleaner 主界面上单击"工具"按钮，打开"工具"选项界面，如图 3-34 所示，默认的是卸载选项。

图 3-34 "工具"选项界面

(3) 选中要卸载的程序，单击"运行卸载程序"按钮，弹出提示确认卸载的对话框，如图 3-35 所示。

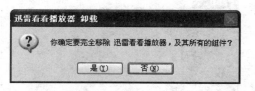

图 3-35 确认卸载对话框

(4) 单击"是"按钮，即可成功卸载所选程序。

#### 2．启动

通过 CCleaner 可以允许或禁止某些程序的运行，具体操作步骤如下。

(1) 运行 CCleaner 中文版软件，进入 CCleaner 中文版主界面。

(2) 在 CCleaner 主界面上单击"工具"按钮，打开"工具"选项界面，在"工具"选项界面上单击"启动"按钮，右栏中列出了随浏览器或系统启动的项目，如图 3-36 所示。

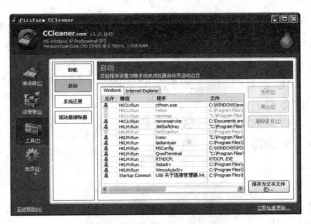

图 3-36　"启动"选项卡

（3）选中"允许"列下为"是"的选项，单击"禁止"按钮，即可成功禁止该程序的运行，选中"允许"列下为"否"的选项，单击"允许"按钮，即可启动该程序。

 ## 3.5　数据恢复工具——EasyRecovery

### 3.5.1　EasyRecovery 的基本概念

EasyRecovery 是数据恢复公司 Ontrack 的产品，它是一个硬盘数据恢复工具，能够帮用户恢复丢失的数据以及重建文件系统。本节以 EasyRecovery Professional 6.10 汉化版为例进行讲解，其主界面如图 3-37 所示。

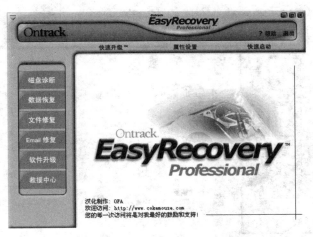

图 3-37　EasyRecovery Professional 6.10 汉化版主界面

EasyRecovery 恢复数据时不会向原始驱动器写入任何东西，主要是在内存中重建文件分区表使数据能够安全地传输到其他驱动器中。用户不仅可以从被病毒破坏或者已经格式化的硬盘中恢复数据，还可以恢复被破坏的硬盘中丢失的引导记录、分区表、引导区等。

EasyRecovery 可以恢复大于 8.4GB 的硬盘，支持长文件名。EasyRecovery 的功能和特点如下。

(1) 恢复病毒破坏的数据。

(2) 恢复由于格式化或分区错误造成丢失的数据。

(3) 恢复误删除的数据。

(4) 恢复由于断电或瞬间电流造成毁坏的数据。

(5) 恢复由于系统故障造成毁坏的数据。

(6) 修复根目录。

(7) 修复文件分配表。

(8) 修复分区表。

(9) 修复 BIOS 参数块。

(10) 修复引导扇区。

(11) 修复 ZIP 文件和 Office 系列文档。

(12) 修复被损坏的邮件。

### 3.5.2 数据恢复

EasyRecovery Professional 软件提供了六种数据恢复工具。这六种工具分别为：高级恢复、删除恢复、格式化恢复、Raw 恢复、继续恢复和紧急启动盘。

**1. 高级恢复**

"高级恢复"为用户提供自定义数据恢复的功能，具体操作步骤如下。

(1) 在主界面上单击"数据恢复"按钮，打开"数据恢复"选项界面，如图 3-38 所示。

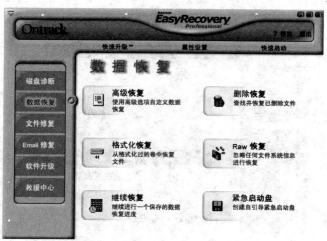

图 3-38　"数据恢复"选项界面

(2) 单击"高级恢复"按钮，弹出"目标文件警告"对话框，如图 3-39 所示。

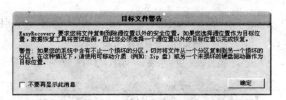

图 3-39　"目标文件警告"对话框

(3) 单击"确定"按钮，返回主界面，如图 3-40 所示。

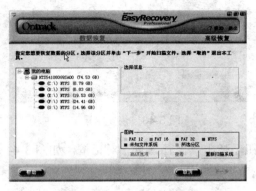

图 3-40　数据恢复主界面

(4) 选中要恢复数据的分区，单击"下一步"按钮，开始扫描，如图 3-41 所示。

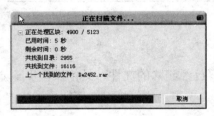

图 3-41　扫描对话框

(5) 待扫描结束后，在"高级恢复"界面选择要恢复的文件，单击"下一步"按钮，界面变为如图 3-42 所示。

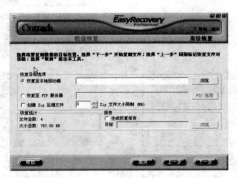

图 3-42　"高级恢复"界面

(6) 在"恢复目标选项"选项组中，用户可以设置恢复文件的保存路径、是否创建 ZIP

文件和 ZIP 文件的大小；在"报告"选项组中，用户可以选择是否生成报告以及报告的保存路径。设置完毕后单击"下一步"按钮，开始恢复。

(7) 待恢复完成后，界面会显示恢复结果，如图 3-43 所示。

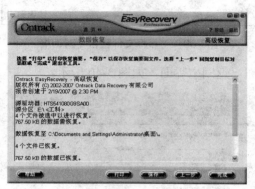

图 3-43　恢复结果

(8) 单击"完成"按钮，弹出"保存恢复"对话框，如图 3-44 所示，单击"是"按钮，返回主界面。

图 3-44　"保存恢复"对话框

### 2．删除恢复

删除恢复用于查找并恢复已经删除的文件，具体操作步骤如下。

(1) 在"数据恢复"界面上单击"删除恢复"按钮，弹出"目标文件警告"对话框，如图 3-45 所示。

(2) 单击"确定"按钮，进入"删除恢复"界面，如图 3-46 所示。

图 3-45　"目标文件警告"对话框

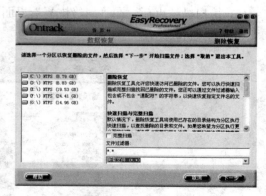

图 3-46　"删除恢复"界面

(3) 选中要恢复的磁盘，在"文件过滤器"文本框中设置过滤条件，然后单击"下一步"按钮，开始扫描磁盘，如图 3-47 所示。

(4) 扫描结束后，界面上显示了扫描的结果，如图 3-48 所示。

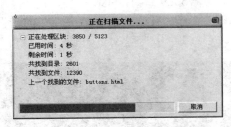

图 3-47　扫描文件

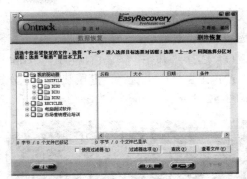

图 3-48　扫描结果

(5) 选中要恢复的文件或者文件夹，单击"下一步"按钮，界面变为如图 3-49 所示。

(6) 在"恢复目标选项"选项组中设定恢复文件的保存路径后，单击"下一步"按钮，开始恢复。待恢复完成后，界面上显示了恢复的结果信息，如图 3-50 所示。

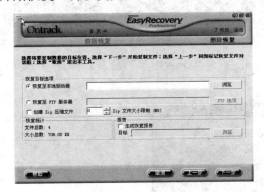

图 3-49　恢复后界面

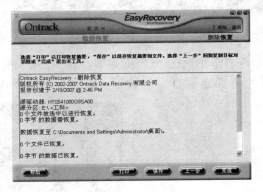

图 3-50　恢复结果

(7) 单击"完成"按钮，弹出"保存恢复"对话框，如图 3-51 所示，单击"是"按钮即可。

图 3-51　"保存恢复"对话框

## 3.6　回到工作场景

通过 3.2～3.5 节内容的学习，相信读者已掌握了一些常用的磁盘工具软件的用法，并足以完成 3.1 节工作场景中的任务了。具体的实现过程如下。

【工作过程一】

学校机房的电脑磁盘负荷过重，可能是由于磁盘中的碎片太多，因此可选用 Vopt 来分析磁盘错误、整理磁盘碎片，具体步骤如下。

(1) 选择"开始"|"所有程序"| Vopt 9| Vopt，打开 Vopt 9.11 主界面。

(2) 在主界面上选择"健康状况"|"分析磁盘错误"命令，开始分析磁盘中存在的错误，如图 3-52 所示，分析结果如图 3-53 所示。

图 3-52　分析磁盘错误

图 3-53　分析结果

(3) 关闭当前分析的窗口，在主界面中选择"分卷"|"D:杂物盘"命令，如图 3-54 所示，界面显示 D 盘的状态，如图 3-55 所示。

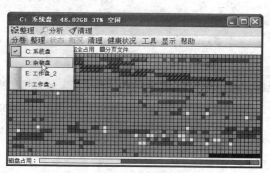

图 3-54　选择分卷

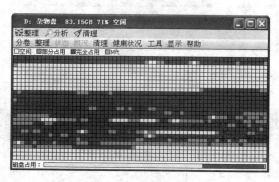

图 3-55　D 盘的状态

(4) 单击"分析"按钮，对 D 盘进行整体分析，分析结果如图 3-56 所示，由图中图片标识可知该盘碎片非常多。

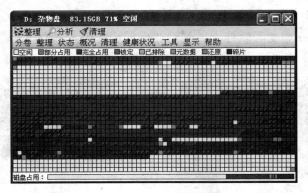

图 3-56　D 盘分析结果

(5) 单击图 3-56 左上方的"整理"按钮，开始整理磁盘中的碎片，如图 3-57 所示。

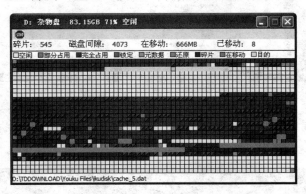

图 3-57　整理碎片

(6) 整理结束后，单击主界面中的"清理"按钮，弹出"Vopt 清理"对话框，如图 3-58 所示，选中其中的某些项，单击"应用"按钮即可清理，清理结果如图 3-59 所示，单击"关闭"按钮返回主界面。

图 3-58　"Vopt 清理"对话框

图 3-59　清理结果

**【工作过程二】**

为了能够彻底清理磁盘，可以利用 CCleaner 对磁盘剩余空间进行擦除，也可以设置 Cookies 的删除与保留，具体步骤如下。

(1) 运行 CCleaner 中文版软件，进入 CCleaner 中文版主界面。

(2) 在主界面上单击"工具"按钮，打开"工具"选项界面，如图 3-60 所示。

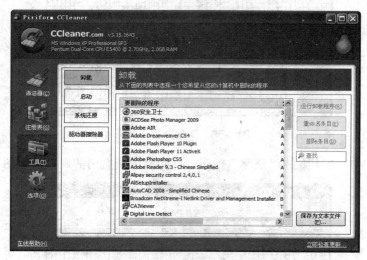

**图 3-60 "工具"选项界面**

(3) 在"工具"选项界面中单击"驱动器擦除器"按钮，打开"驱动器擦除器"选项卡，如图 3-61 所示。

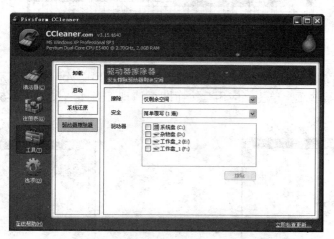

**图 3-61 "驱动器擦除器"选项卡**

(4) 在"驱动器擦除器"选项卡中选择擦除范围，然后选中驱动器前面的复选框，单击"擦除"按钮即可。

(5) 单击主界面中的"选项"按钮，打开"选项"选项界面，如图 3-62 所示。

图 3-62　"选项"选项界面

(6) 在"选项"选项界面中单击 Cookies 按钮，打开 Cookies 选项卡，如图 3-63 所示。

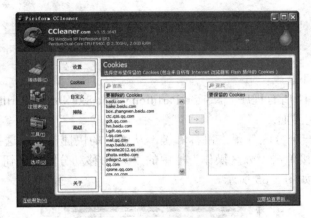

图 3-63　Cookies 选项卡

(7) 在 Cookies 选项卡的左侧列表框中选中某项，然后单击 → 图标按钮，即可将所选中的 Cookies 保留，如图 3-64 所示。

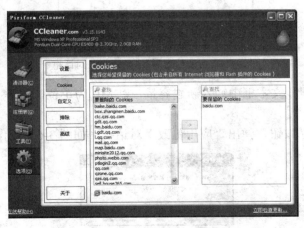

图 3-64　设置 Cookies 保留

(8) 在 Cookies 选项卡的右侧列表框中选中某项，然后单击  图标按钮，即可将原本保留的 Cookies 设置为删除。

## 3.7 工作实训营

### 3.7.1 训练实例

**1．训练内容**

利用 PartitionMagic 从已有分区中分割一个分区，并用 EasyRecovery 进行 Excel 文件修复。

**2．训练目的**

熟练使用磁盘工具软件的一些常用操作。

**3．训练过程**

具体实现步骤如下。

(1) 选择"开始"|"所有程序"|Norton PartitionMagic 8.0|Norton PartitionMagic 8.0 命令，打开 PartitionMagic 主界面。

(2) 选择已有的一个分区并单击鼠标右键，从弹出的快捷菜单中选择"调整磁盘容量/移动"命令，或者直接单击"分区操作"栏中的"调整/移动分区"按钮，弹出"调整容量/移动分区"对话框，如图 3-65 所示。

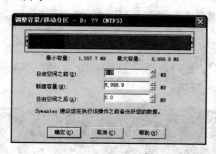

图 3-65 "调整容量/移动分区"对话框

(3) 在"新建容量"文本框中输入新建容量，以 MB 为单位，单击"确定"按钮，返回主界面。

(4) 单击"应用"按钮，弹出"应用更改"对话框，如图 3-66 所示。

图 3-66 "应用更改"对话框

（5）单击"是"按钮，弹出"警告"对话框，提示计算机要重启，如图 3-67 所示。

图 3-67　"警告"对话框

（6）单击"确定"按钮，计算机重启并开始扫描磁盘。待扫描结束后，重新启动计算机并运行 PartitionMagic 软件，此时在主界面中就会显示刚创建的分区，如图 3-68 所示。

图 3-68　新建分区信息

（7）选中未分配分区，单击"创建一个新分区"按钮，弹出"创建分区"对话框，进行相关设置，如图 3-69 所示，设置完毕后，单击"确定"按钮，返回主界面。

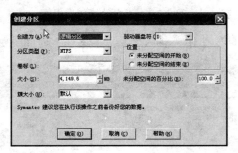

图 3-69　"创建分区"对话框

（8）单击"应用"按钮，弹出"应用更改"对话框，如图 3-70 所示，单击"是"按钮开始创建分区。

图 3-70　"应用更改"对话框

（9）待创建完成后，弹出"过程"对话框，如图 3-71 所示，单击"确定"按钮。

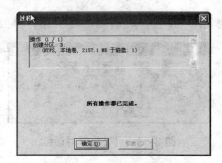

图 3-71　"过程"对话框

(10) 关闭 PartitionMagic 软件，运行 EasyRecovery 软件，打开 EasyRecovery 的主界面。

(11) 在 EasyRecovery 的主界面上单击"文件修复"按钮，进入"文件修复"界面，如图 3-72 所示。

图 3-72　"文件修复"界面

(12) 单击"Excel 修复"按钮，进入"Excel 修复"界面，如图 3-73 所示。

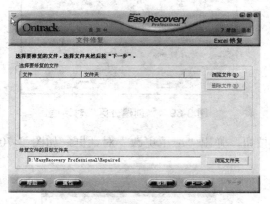

图 3-73　"Excel 修复"界面

(13) 在"选择要修复的文件"选项组中单击"浏览文件"按钮，弹出"打开"对话框，如图 3-74 所示。

图 3-74　"打开"对话框

(14) 选中要修复的 Excel 文件，然后单击"打开"按钮，返回主界面。在"修复文件的目标文件夹"选项组中单击"浏览文件夹"按钮，弹出"浏览文件夹"对话框，如图 3-75 所示。选中目标文件夹后，单击"确定"按钮，返回主界面，单击"下一步"按钮，开始修复。

图 3-75　"浏览文件夹"对话框

(15) 待修复完毕后，弹出"摘要"对话框，如图 3-76 所示。

图 3-76　"摘要"对话框

(16) 单击"确定"按钮，即可在主界面显示修复结果信息，如图 3-77 所示，单击"完成"按钮即可。

图 3-77　修复结果

#### 4．技术要点

利用 PartitionMagic 分区魔术师可以从已有分区中分割一个分区，利用 EasyRecovery 软件可以进行文件修复。

## 3.7.2　工作实践常见问题解析

【问题 1】如何扩大系统盘容量？

【答】可以利用 PartitionMagic 分区魔术师对磁盘进行重新分区。

【问题 2】电脑中的磁盘负荷过重该怎么办？

【答】可以利用 Vopt 进行磁盘碎片整理。

【问题 3】电脑中垃圾文件太多，运行速度非常慢。

【答】可以利用 CCleaner 清洁器对磁盘进行整体清理。

【问题 4】电脑磁盘中数据不小心丢失该用什么软件处理？

【答】可以利用 EasyRecovery 进行数据恢复。

## 小　结

本章主要介绍了一些常用的磁盘工具软件：硬盘分区工具、磁盘碎片整理工具、磁盘清洁工具、数据恢复工具等。通过本章的学习，读者必须熟练地使用 PartitionMagic 分区魔术师新建分区、合并分区等，学会使用 Vopt 整理磁盘碎片，能够灵活运用一些磁盘清洁工具清理磁盘，并要了解一些数据恢复工具，解决数据丢失时的一些常见问题。

## 习　题

1．利用 PartitionMagic 新建一个分区。

2．利用 Vopt 整理 D 盘中的碎片。

3．利用 CCleaner 清洁器清理系统盘。

4．利用 EasyRecovery 进行数据恢复。

# 第 4 章

## 文件处理工具软件

 本章要点

- WinRAR 的基本概念及操作
- WinZIP 的功能和使用
- 文件夹加密超级大师的基本概念和常用操作
- 常见的文件恢复工具
- 文件分割工具的常用操作

### 技能目标

- 使用 WinRAR 分卷压缩和自解压文件
- 使用 WinRAR 加密压缩文件
- 使用 WinRAR 制作 ZIP 文件
- 使用 Recover My Files 搜索及恢复文件
- 使用 X-Split 分割和还原文件
- 使用 X-Split 合并及快速分割文件

# 4.1　工作场景导入

**【工作场景】**

　　某公司电脑中的文件繁杂凌乱，经常误删重要文件，现需将一些文件进行整理、归类，把重要的文件统一加密，对于需要转存的文件进行分卷压缩，将一些庞大的文件进行分割，恢复误删除的文件，使得工作井然有序。

**【引导问题】**

　　(1) 如何分卷压缩文件？
　　(2) 如何对一些重要文件统一加密？
　　(3) 如何恢复误删除的文件？
　　(4) 如何分割文件？

# 4.2　压缩管理工具——WinRAR

## 4.2.1　WinRAR 的基本概念

　　WinRAR 是一款功能强大的压缩包管理器，它是档案工具 RAR 在 Windows 环境下的图形界面。该软件可用于备份数据，缩减电子邮件附件的大小，解压缩从 Internet 上下载的 RAR、ZIP 2.0 及其他文件，并且可以新建 RAR 及 ZIP 格式的文件。

　　WinRAR 的主要特点如下。

　　(1) WinRAR 采用独创的压缩算法。

　　(2) WinRAR 针对多媒体数据，提供了经过高度优化后的可选压缩算法。

　　(3) WinRAR 支持的文件及压缩包大小达到 9223372036854775807 字节，约合 9000 PB。

　　(4) WinRAR 完全支持 RAR 及 ZIP 压缩包，并且可以解压缩 CAB、ARJ、LZH、TAR、GZ、ACE、UUE、BZ2、JAR、ISO、Z、7Z 格式的压缩包。

　　(5) WinRAR 支持 NTFS 文件安全及数据流。

　　(6) WinRAR 提供了 Windows 经典互交界面及命令行界面。

　　(7) WinRAR 提供了创建"固实"压缩包的功能，与常规压缩方式相比，压缩率提高了10%～50%的容量，尤其是在压缩许多小文件时更为显著。

　　(8) WinRAR 具备使用默认及外部自解压模块来创建并更改自解压压缩包的能力。

　　(9) WinRAR 具备创建多卷自解压压缩包的能力。

　　(10) 能建立多种方式的全中文界面的全功能(带密码)多卷自解包。

　　(11) WinRAR 能很好地修复受损的压缩文件。

　　(12) WinRAR 辅助功能设计细致。

（13）WinRAR 可防止人为的添加、删除等操作，保持压缩包的原始状态。

## 4.2.2　压缩文件

由于很多文件比较零散而且传送不方便，可以将这些文件压缩成一个压缩文件，具体步骤如下。

（1）选择"开始" | "所有程序" | WinRAR | WinRAR 命令，或双击桌面上的 WinRAR 快捷方式图标，都可启动 WinRAR 程序的主界面，如图 4-1 所示。

（2）从地址栏的下拉列表中选择被压缩文件所在的磁盘，如图 4-2 所示。

图 4-1　WinRAR 主界面

图 4-2　选择位置

（3）在被压缩文件所在的文件夹内选中要压缩的文件，如图 4-3 所示。

（4）单击"添加"按钮，弹出"压缩文件名和参数"对话框，如图 4-4 所示。

图 4-3　选择压缩文件

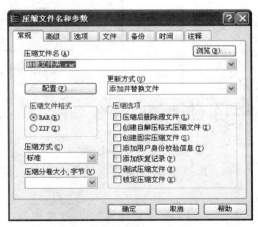

图 4-4　"压缩文件名和参数"对话框

（5）在"压缩文件名"下拉列表框中输入压缩文件名，然后单击"浏览"按钮，弹出"查找压缩文件"对话框，如图 4-5 所示。

图 4-5    "查找压缩文件"对话框

(6) 选择压缩文件的存放路径后,单击"打开"按钮,返回"压缩文件名和参数"对话框,单击"确定"按钮,开始压缩文件,如图 4-6 所示,压缩完毕后就可以在设置的存储路径中找到该压缩文件了。

图 4-6    开始压缩文件

## 4.2.3    解压缩文件

若要详细地查看某个压缩文档的内容,就需要将其解压,解压缩文件的具体步骤如下。

(1) 选择要解压缩的文件,双击该文件图标,弹出 WinRAR 主界面,如图 4-7 所示。

图 4-7　WinRAR 主界面

(2) 若用户只想解压其中的一些文件，可以选中这些文件，然后单击工具栏上的"解压到"按钮，弹出"解压路径和选项"对话框，如图 4-8 所示。

(3) 在"目标路径"下拉列表中选择解压文件的存放路径，然后单击"确定"按钮，开始解压文件，如图 4-9 所示。

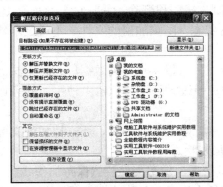

图 4-8　"解压路径和选项"对话框

图 4-9　开始解压文件

## 4.3　文件加密工具——文件夹加密超级大师

### 4.3.1　文件夹加密超级大师的基本概念

文件夹加密超级大师是专业的文件加密软件。该软件有多样化的加密方式，能满足不同用户、不同方式的加密需求。它可以采用先进成熟的加密方法对文件夹进行快如闪电般的加密和解密，也可以采用先进成熟的加密算法，对文件和文件夹进行超高强度的加密，让你的加密文件和加密文件夹无懈可击，没有密码无法解密，并且能够防止被删除、复制和移动。该软件同时还有禁止使用 USB 设备、只读使用 USB 设备和数据粉碎删除等辅助功能。本节以文件夹加密超级大师(试用版)为例进行讲解，用户在实际使用时可购买正版软件，其主界面如图 4-10 所示。

图 4-10　文件夹加密超级大师主界面

文件夹加密超级大师的主要功能如下。

(1) 功能强大的文件和文件夹加密和数据保护。有超快和最强的文件和文件夹加密功能，数据保护功能，文件夹、文件的粉碎删除以及文件夹伪装等功能。

(2) 文件夹搬移和隐藏加密功能可以瞬间加密电脑中或移动硬盘上的文件夹，加密后在何种环境下通过其他软件都无法解密，同时防止复制、移动和删除。并且它不受系统影响，即使重装、Ghost 还原，加密的文件夹依然保持加密状态。隐藏加密的文件夹不通过本软件无法找到和解密。

(3) 能把文件夹和文件直接加密成 exe 可执行文件。可以将重要的数据以这种方法加密后再通过网络或其他的方法在没有安装"文件夹加密超级大师"的机器上使用，并且速度也特别快，每秒可加密 25～50MB 的数据。

(4) 数据保护功能，可防止数据被人为删除、复制、移动和重命名，还支持加密文件夹的临时解密，文件夹临时解密后，可以自动恢复到加密状态。

(5) 文件加密后，没有正确的密码无法解密。解密后，加密文件依然保持加密状态。

(6) 文件夹和文件的粉碎删除，可以把想删除但怕在删除后被别人用数据恢复软件恢复的数据彻底在电脑中删除。

(7) 文件夹伪装可以把文件夹伪装成回收站、CAB 文件夹、打印机或其他类型的文件等，伪装后打开的是伪装的系统对象或文件而不是伪装前的文件夹。另外还有驱动器隐藏加锁等一些系统安全设置的功能。

## 4.3.2　文件夹加密

为了保证个人的隐私和安全，用户需要对一些重要文件加密，可以使用文件夹加密超级大师对这些文件进行加密，具体步骤如下。

(1) 打开"我的电脑"，找到想要进行加密的文件夹，在文件夹上单击鼠标右键，然后在弹出的快捷菜单中选择"加密"命令，如图 4-11 所示。

图 4-11　选择 "加密" 命令

(2) 选择 "加密" 命令之后弹出 "加密文件夹" 对话框，如图 4-12 所示。

图 4-12　"加密文件夹" 对话框

(3) 在加密类型中有闪电加密、隐藏加密、全面加密、金钻加密和移动加密几种，用户可以根据自己的需要选择加密类型。例如选择 "闪电加密"，在 "加密密码" 文本框中输入密码，再次确认后，单击 "加密" 按钮即可，如图 4-13 所示。闪电加密完成后的文件夹图标如图 4-14 所示。

图 4-13　闪电加密

新建文件夹

图 4-14　闪电加密后的文件夹

### 4.3.3　文件夹解密

用户在具体使用时需要对某个已加密的文件夹进行解密，具体步骤如下。

(1) 打开 "我的电脑"，找到想要进行解密的文件夹，在文件夹上单击鼠标右键，然后在弹出的快捷菜单中选择 "解密" 命令，如图 4-15 所示。

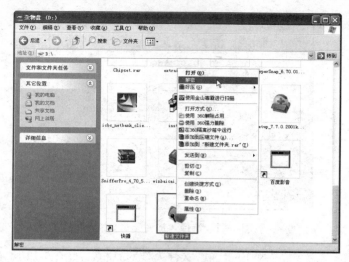

图 4-15　选择"解密"命令

(2) 选择"解密"命令之后，弹出解密对话框，如图 4-16 所示。

图 4-16　解密对话框

(3) 在"密码"文本框中输入正确的密码，单击"打开"按钮，弹出"文件夹浏览器"对话框，如图 4-17 所示，"文件夹浏览器"对话框中显示的就是加密文件夹里的所有内容，在"文件夹浏览器"对话框中对文件或文件夹的操作方法和"我的电脑"中是一样的，用户可以复制、移动、删除、重命名里面的文件夹和文件，也可以把里面的文件或文件夹通过复制、移动的方法复制到"我的电脑"里。当不需要使用加密文件夹里的文件时，关闭文件夹浏览器即可，不需要重新加密文件夹。若用户需要取消该文件夹的密码，则在解密对话框中输入密码之后，单击"解密"按钮，加密文件就恢复到未加密状态了。

图 4-17　"文件夹浏览器"对话框

### 4.3.4　磁盘保护

文件夹加密和文件加密都是小范围内的加密方式，用户也可以将整个磁盘分区进行保护，具体步骤如下。

(1) 选择"开始"|"所有程序"|"文件夹加密超级大师"|"文件夹加密超级大师"命令，或双击桌面上"文件夹加密超级大师"快捷方式图标，都可启动"文件夹加密超级大师"主界面。

(2) 在"文件夹加密超级大师"主界面上单击"磁盘保护"按钮，打开磁盘保护对话框，如图 4-18 所示。

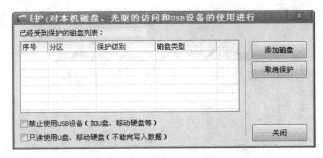

图 4-18　磁盘保护对话框

(3) 单击"添加磁盘"按钮，弹出"添加磁盘进行保护"对话框，如图 4-19 所示。

图 4-19　"添加磁盘进行保护"对话框

(4) 用户可以在"添加磁盘进行保护"对话框中选择需要进行保护的磁盘，并选择保护级别，例如选择 D 盘，保护级别选择初级，单击"确定"按钮，返回磁盘保护对话框，此时用户可以在"已经受到保护的磁盘列表"中查看已经受到保护的磁盘的信息，如图 4-20 所示。

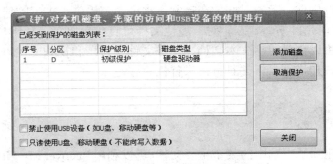

图 4-20　已经受到保护的磁盘的信息

（5）若用户需要取消保护，则在"已经受到保护的磁盘列表"中选中某个磁盘，单击"取消保护"按钮即可。

 ## 4.4　文件恢复工具——Recover My Files

### 4.4.1　Recover My Files 简介

Recover My Files 是数据文件恢复软件，可以恢复包括文本文档、图像文件、音乐和视频文件以及删除的 ZIP 文件，可以以扇区的方式扫描硬盘。Recover My Files 主界面如图 4-21 所示。

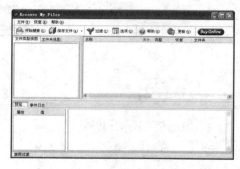

**图 4-21　Recover My Files 主界面**

Recover My Files 可以查找并恢复硬盘、U 盘、存储卡中误删除甚至是进行磁盘格式化后的文件，并且可以指定文件夹进行搜索。

Recover My Files 具有以下功能。

（1）可以导出文件夹。

（2）能够恢复被删除的文件。

（3）能够恢复从回收站清空的文件。

（4）能够恢复因磁盘格式化、重新分区、分区表破坏而丢失的文件。

（5）能够恢复被病毒、木马感染，或操作系统崩溃时所丢失的文件。

Recover My Files 软件在恢复文件时可以使用过滤功能自定义搜索的文件夹、文件类型，以提高搜索速度及准确性，节省时间。在搜索过程中，它提供了大量的信息，包括文件名、文件/目录、尺寸、相关日期、状态、对一般性文档可直接预览等，让用户更好地选择要恢复的文件。该软件可以恢复包括文本文档、图像文件、音乐和视频文件以及删除的 ZIP 文件，能以扇区的方式扫描硬盘，并且可以进行恢复预览。

### 4.4.2　文件搜索

若用户不小心删除了电脑中的某个重要文件，可以利用 Recover My Files 进行文件搜索，具体步骤如下。

(1) 选择"开始" |"所有程序" | Recover My Files | Recover My Files 命令，或双击桌面上 Recover My Files 的快捷方式图标，打开 Recover My Files 主界面。

(2) 在 Recover My Files 主界面上单击"开始搜索"按钮，弹出"Recover My Files 向导"对话框，如图 4-22 所示。

图 4-22　"Recover My Files 向导"对话框

(3) 单击"下一步"按钮，进入选择驱动器搜索的界面，如图 4-23 所示。

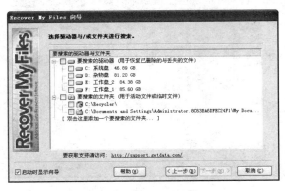

图 4-23　驱动器搜索界面

(4) 选中要搜索的驱动器或文件夹前面的复选框，单击"下一步"按钮，进入选择修复类型的界面，如图 4-24 所示。

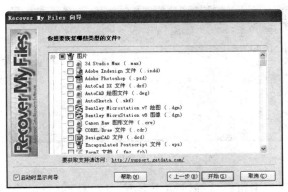

图 4-24　选择修复类型界面

（5）选择好要搜索的文件类型之后，单击"开始"按钮，开始搜索符合条件的文件，如图 4-25 所示，搜索结果如图 4-26 所示。

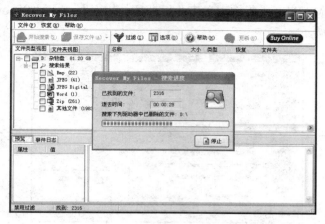

图 4-25　搜索文件

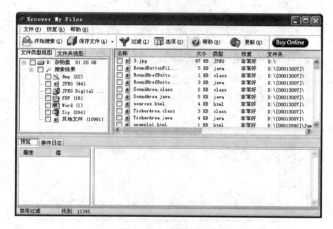

图 4-26　搜索结果

（6）在搜索结果界面的"文件类型视图"选项卡中选择需要过滤的类型，单击"过滤"按钮，弹出"过滤"对话框，如图 4-27 所示。

图 4-27　"过滤"对话框

（7）在"过滤"对话框中可以选择过滤的类型，用户根据自己的需要进行选择，例如按文件名来选择，选中"按文件名称/扩展名"复选框，并在其右侧的文本框中输入文件名称，如图 4-28 所示，最后单击"确定"按钮，即可过滤，过滤结果如图 4-29 所示，在过滤结果中可以查看用户所需的文件。

图 4-28　选择过滤类型

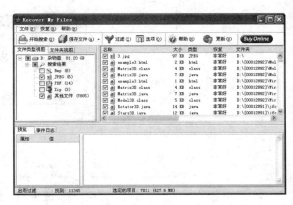

图 4-29　过滤结果

## 4.4.3　文件恢复

用户可以利用 Recover My Files 来恢复误删除的文件，具体步骤如下。

(1) 选择"开始" |"所有程序"| Recover My Files | Recover My Files 命令，或双击桌面上的 Recover My Files 快捷方式图标，打开 Recover My Files 主界面。

(2) 在 Recover My Files 主界面上单击"开始搜索"按钮，弹出"Recover My Files 向导"对话框，选择快速格式化恢复，单击"下一步"按钮，进入选择驱动器或文件夹的界面，如图 4-30 所示。

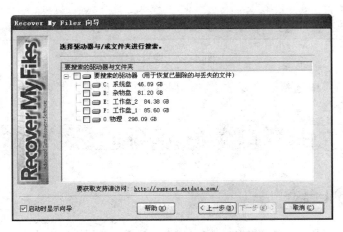

图 4-30　选择驱动器或文件夹的界面

(3) 在选择驱动器或文件夹的界面中选中要恢复的驱动器前面的复选框，单击"下一步"按钮，开始搜索，如图 4-31 所示，搜索结果如图 4-32 所示。

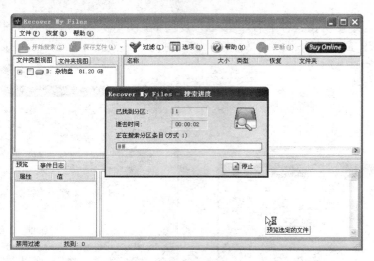

图 4-31　开始搜索

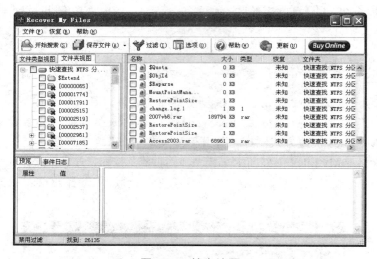

图 4-32　搜索结果

(4) 在搜索结果中选择要恢复的文件，保存到相应的位置即可。

 ## 4.5　文件分割工具——X-Split

### 4.5.1　X-Split 简介

　　X-Split 是一个文件拆分和还原工具，此外，还能合并其他类型的文件，甚至可以将其他的文件拆分工具拆分的文件还原。X-Split 可以将任意类型、任意大小的文件或文件夹分割成用户所需要的大小并能将其还原，此外，X-Split 也是一个文件合并工具，可以用它替代 DOS 的 Copy 命令。

为了使磁盘能容下更多的文件，我们经常先用压缩工具把文件压缩，然后再拷贝至磁盘中来转存文件，这当然是个好办法，但并不适用于大文件。尽管也可以用压缩软件 WinZIP 等压缩工具对源文件进行分卷压缩，但出错几率很大；而文件分割软件以其使用方便、安全性较高，尤其适用于目前在网络上传送大文件。

X-Split 的主要特点如下。

(1) 该软件最重要的特点就是能合并其他类型的文件，它能将其他的文件拆分工具拆分的文件进行合并。

(2) 在操作上也支持鼠标的拖放操作。

(3) 该文件在分割时也能产生批处理文件，以便程序能自动合并文件。

(4) 支持软盘分割。

(5) 快速、高效，系统资源占用低。

(6) 支持右键菜单。

(7) 支持多语种动态切换。

(8) 支持自动还原分割文件。

X-Split 的特点是在分割文件时能生成一个 Bat 文件，使用户在没有本软件的情况下也能将文件还原。

由于 X-Split 专注于文件分割，所以它不需要占用很多资源，于是安装也就十分简单，只要把下载的文件解压到一个文件夹，然后直接运行就行。本节以 X-Split V 0.99 为例进行讲解，其主界面如图 4-33 所示。

图 4-33　X-Split 主界面

## 4.5.2　分割文件

启动一次 X-Split 之后，软件就会自动在桌面上创建快捷方式图标。使用 X-Split 分割文件的具体操作步骤如下。

(1) 双击桌面上的 X-Split 快捷方式图标或在 X-Split 根目录中双击其图标，都可启动 X-Split 程序的主界面。

(2) 单击主界面的"打开"按钮，弹出"打开"对话框，如图 4-34 所示。

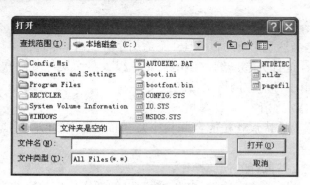

图 4-34 "打开"对话框

(3) 选中要分割的文件，本节以分割 x-split.zip 文件为例，然后单击"打开"按钮，返回主界面，此时会显示分割后的文件名，如图 4-35 所示。

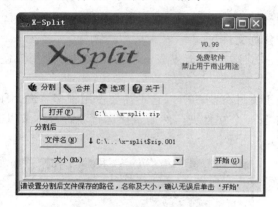

图 4-35 分割后的文件名

(4) 单击"文件名"按钮，弹出"另存为"对话框，如图 4-36 所示。

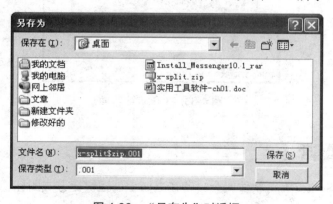

图 4-36 "另存为"对话框

(5) 在"文件名"文本框中更改文件名，在"保存在"下拉列表框中选择分割文件的保存路径，然后单击"保存"按钮，返回主界面。

（6）在"大小"下拉列表框中单击下拉按钮，弹出下拉列表，如图 4-37 所示。

（7）在"大小"下拉列表中选择或输入一个分割大小，然后单击"开始"按钮开始分割文件。待分割文件完毕后，用户可以在保存路径中查看到分割后的文件以及一个 Bat 文件，如图 4-38 所示。

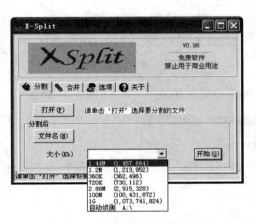

图 4-37 "大小"下拉列表

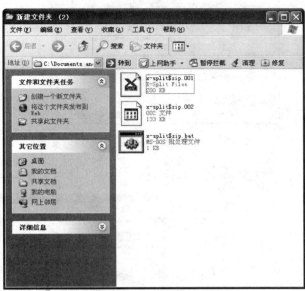

图 4-38 分割结果

## 4.6 回到工作场景

通过 4.2～4.5 节内容的学习，您应该掌握了一些常用的文件处理工具软件，此时足以完成 4.1 节工作场景中的任务。具体的实现过程如下。

【工作过程一】

对文件进行分卷压缩可以方便用户转存、共享文件，对文件进行加密，可以确保重要数据的安全，防止被不法分子窃取或者丢失，具体操作步骤如下。

（1）选择"开始"|"所有程序"| WinRAR | WinRAR 命令，或双击桌面上的 WinRAR 快捷方式图标，都可启动 WinRAR 程序的主界面。

（2）选择要压缩的文件，然后单击"添加"按钮，弹出"压缩文件名和参数"对话框，如图 4-39 所示。

（3）在"压缩分卷大小，字节"下拉列表框中输入压缩分卷文件的大小，然后单击"确定"按钮，开始压缩，如图 4-40 所示。

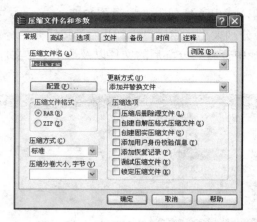

图 4-39 "压缩文件名和参数"对话框

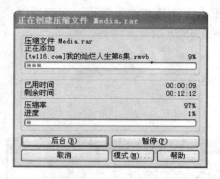

图 4-40 开始压缩

(4) 待压缩完毕后，就可以在文件夹中看见有两个分卷压缩文件了，如图 4-41 所示。

图 4-41 分卷压缩结果

【工作过程二】

当需要对重要文件资料进行加密时，操作步骤如下。

(1) 分卷压缩文件之后，将这两个分卷压缩文件存放到一个文件夹里，文件夹命名为"机密文件"，右击该文件夹，然后在弹出的快捷菜单中选择"加密"命令，如图 4-42 所示。

图 4-42 对文件加密

(2) 选择"加密"命令之后弹出"加密文件夹"对话框，如图 4-43 所示。

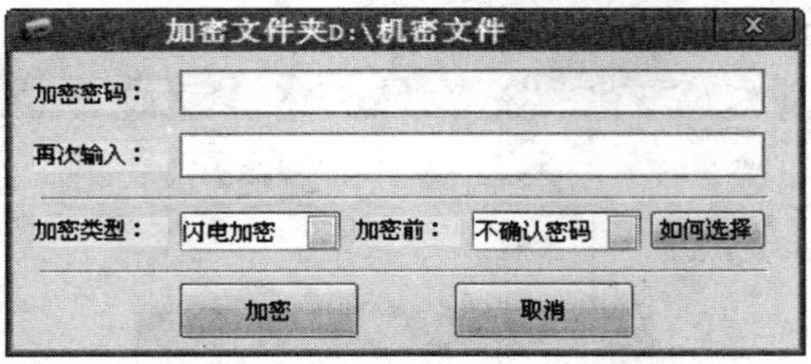

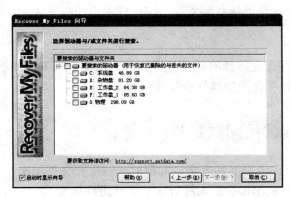

图 4-43　"加密文件夹"对话框

(3) 在"加密密码"文本框中输入密码，再次确认后，单击"加密"按钮即可。

 ## 4.7　工作实训营

### 4.7.1　训练实例

**1. 训练内容**

误删除文件后，学会运用 Recover My Files 来恢复误删的文件。

**2. 训练目的**

掌握用 Recover My Files 恢复已删除的文件的方法。

**3. 训练过程**

具体实现步骤如下。

(1) 选择"开始"|"所有程序"| Recover My Files | Recover My Files 命令，或双击桌面上的 Recover My Files 快捷方式图标，打开 Recover My Files 主界面。

(2) 在 Recover My Files 主界面上单击"开始搜索"按钮，弹出"Recover My Files 向导"对话框，选择快速格式化恢复，单击"下一步"按钮，进入弹出选择驱动器或文件夹的界面，如图 4-44 所示。

图 4-44　选择驱动器或文件夹界面

（3）选择要恢复的驱动器前面的复选框，单击"下一步"按钮，开始搜索，如图 4-45 所示，搜索结果如图 4-46 所示。

图 4-45　开始搜索

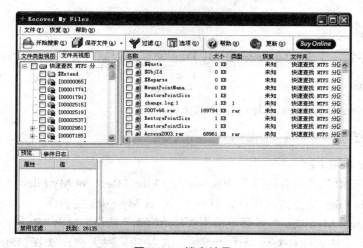

图 4-46　搜索结果

（4）在搜索结果中选择要恢复的文件，保存到相应的位置即可。

**4．技术要点**

恢复已删除的文件需先选择删除文件所属的驱动器，若无法知道原文件所属驱动器，则选择所有驱动器，这样会增加软件查找的时间。

## 4.7.2　工作实践常见问题解析

【问题 1】保证个人的隐私和安全，如何对一些重要文件加密？

【答】可使用文件夹加密超级大师对这些文件进行加密。

【问题 2】不小心删除了电脑中的某个重要文件，可以恢复吗？

【答】可以利用 Recover My Files 对删除的文件进行恢复。

【问题 3】其他类型的文件能合并吗？其他的文件拆分工具拆分的文件能合并吗？

【答】可利用 X-Split 进行文件合并。

 ## 小　结

　　本章主要介绍了一些常用的文件处理工具软件：压缩管理工具 WinRAR、文件加密工具、文件恢复工具、文件分割工具等。通过本章的学习，读者可以熟练使用 WinRAR 进行压缩文件和解压缩文件等，学会使用文件夹加密超级大师进行文件夹加密解密，能够灵活运用文件恢复工具 Recover My Files，并且了解文件分割工具 X-Split，解决文件处理时的一些常见问题。

## 习　题

1. 使用 WinRAR 压缩文件，并加密压缩文件。
2. 使用 WinRAR 创建自解压文件。
3. 使用 WinRAR 向导创建分卷压缩文件。
4. 使用 WinZIP 创建可执行文件。
5. 在 ZIP 文件中查看文件。
6. 使用 WinZIP 向导将文件添加到已经存在的 ZIP 文件中。
7. 使用 X-Split 软件分割一个大文件，并将分割后的文件进行合并。
8. 使用 X-Split 的自合并文件功能合并一个文件。
9. 使用 X-Split 软件合并任意文件并设置 X-Split 软件。

# 第 5 章

## 光盘工具软件

 **本章要点**

- 使用 Nero StartSmart 制作 CD 音频、视频光盘及进行数据刻录
- 使用 Nero StartSmart 复制光盘
- 使用 WinISO 编辑映像文件
- 利用 WinISO 从光驱中创建映像文件
- 利用 WinISO 转换映像文件格式

 **技能目标**

- 熟练使用 Nero StartSmart 制作 CD 及相关操作
- 能够使用 WinISO 刻录文件

## 5.1 工作场景导入

**【工作场景】**

如果您在生活中曾经因计算机崩溃或者心爱的光盘毁坏，而丢失宝贵的数据或再也无法找回来的音乐 CD，一定会后悔为什么没有做个备份。即使到目前为止，您还没有经历过这种痛苦的事情，那么您能保证将来某一天这种噩梦不会发生么？所以还是未雨绸缪，找一种方法来把数据做个备份吧！

**【引导问题】**

(1) 如何使用光盘刻录工具刻录 CD？
(2) 如何使用光盘刻录工具刻录视频及数据？
(3) 如何使用光盘刻录工具获取计算机驱动器和系统配置信息？

## 5.2 光盘刻录工具

### 5.2.1 Nero StartSmart 简介

Nero 是由德国 Nero AG 公司推出的光盘刻录软件。它是目前最流行的光盘刻录软件，与其他同类软件相比它的功能更加完善。用户使用 Nero 可以将数据、音乐和视频刻录到光盘中。Nero StartSmart 的主界面如图 5-1 所示。

图 5-1　Nero StartSmart 主界面

### 5.2.2 Nero StartSmart 的功能及特点

Nero 的功能十分强大，它的主要特点如下。

(1) 制作数据光盘。

(2) 制作音频光盘。

(3) 制作 VCD。

(4) 复制光盘。

### 5.2.3　使用 Nero StartSmart 制作 CD 音频光盘

下面首先介绍使用 Nero StartSmart 制作 CD 音频光盘的操作步骤。

(1) 选择"开始"|"所有程序"|Nero 8 Ultra Edition | Nero StartSmart 命令，或双击桌面上的 Nero StartSmart 快捷方式图标，都可启动 Nero StartSmart 程序的主界面，如图 5-2 所示。

图 5-2　Nero StartSmart 主界面

(2) 单击主界面上的"音频刻录"按钮，进入"音频刻录"选项界面，该选项界面中有三个选项，最常用的是第一项和第二项。第一项用于音频 CD 的刻录；第二项为创建虚拟 CD 光盘；第三项为用 Nero 软件的音乐格式创建光盘。现在下载到的音乐格式一般都是 MP3，而目前市面上所有的 CD 机都可以支持播放 MP3 光盘，而"音频 CD"功能更多的是用于 CD 音乐翻刻，如图 5-3 所示。

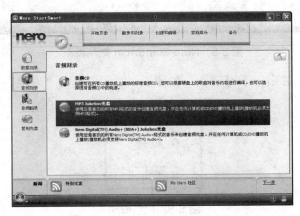

图 5-3　Nero StartSmart 音频刻录页面

(3) 单击"MP3 jukebox 光盘"按钮，弹出"打开"对话框，选择文件，"文件类型"选择 MP3 格式，如图 5-4 所示。

图 5-4  "打开"对话框

(4) 单击"打开"按钮，进入下一界面，然后单击"刻录"按钮，如图 5-5 所示。

图 5-5  Nero StartSmart 刻录页面

(5) 刻录成功后，弹出提示对话框，如图 5-6 所示，单击"确定"按钮即可。

图 5-6  刻录成功

## 5.2.4　使用 Nero StartSmart 刻录视频光盘

在本书中，我们将介绍如何使用 Nero StartSmart 刻录视频光盘。

(1) 在开始界面中，切换到"翻录和刻录"选项卡，在其中单击"刻录视频光盘"按钮，如图 5-7 所示。

图 5-7　视频刻录

(2) 进入 Nero Express Essertials 界面，单击"视频/图片"按钮，进入"视频/图片"选项界面，然后单击"DVD 视频文件"按钮，如图 5-8 所示。

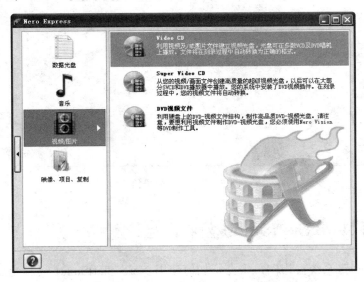

图 5-8　Nero Express Essertials 界面

(3) 在弹出的页面中单击"添加"按钮，选择之前转换好格式的视频文件，然后单击"下一步"按钮，如图 5-9 所示。

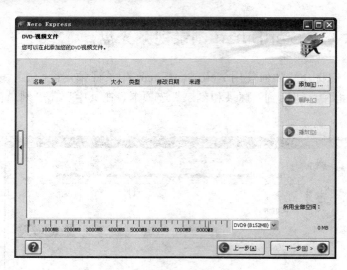

图 5-9　视频添加

（4）进入选择刻录机界面，选择所使用的刻录机。如果您的电脑只连接着一个光驱，那么就不用更改了，直接单击"刻录"按钮，静候几分钟，一张视频光盘就刻录出来了，如图 5-10 所示。

图 5-10　选择刻录机

## 5.2.5　使用 Nero StartSmart 复制光盘

我们以复制一张系统盘为例，来介绍如何使用 Nero StartSmart 复制光盘。这里系统盘的复制有两种方式，一种是直接复制现有的系统盘，另一种是上网下载系统光盘然后刻录到光盘中。

（1）直接复制现有的系统盘：单击左边菜单中的"复制光盘"按钮，放入源光盘(母盘)，然后单击"复制光盘"，复制完成后，Nero 会自动弹出光驱，然后再放入空白盘，即可复制成功，如图 5-11 所示。

图 5-11　复制光盘

(2) 通过网上下载的 ISO 文件刻录系统盘：首先在网上下载 ISO 格式的镜像文件，单击"翻录和刻录"按钮，然后单击"复制光盘"按钮，如图 5-12 所示。

图 5-12　ISO 格式的镜像文件刻录

(3) 打开复制光盘界面，选择"光盘映像或保存的项目"后，单击"刻录"按钮就可刻录下载的 ISO 镜像至光盘，如图 5-13 所示。

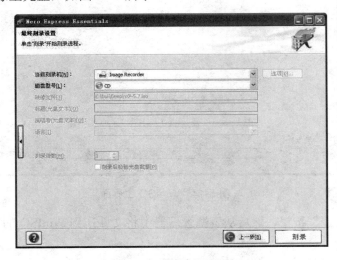

图 5-13　最终刻录设置

## 5.2.6　WinISO 的功能及特点

WinISO 几乎可以处理所有 CD-ROM 格式的映像文件。用户可以使用 WinISO 在映像文件内部添加、删除、重命名以及提取文件，将其他格式的映像文件转换为标准的 ISO 格式，以及从 CD-ROM 中创建 ISO 映像文件。

WinISO 的功能主要如下。

(1) 几乎可以编辑所有 CD-ROM 格式的映像文件。

(2) 直接处理启动光盘启动信息。

(3) 支持 BIN 文件，可以将 BIN 文件转换成 ISO/WAV/DAT 文件。

(4) 支持将 ISO 文件转换成 BIN 文件。

(5) 支持多种语言，界面简单，功能强大。

## 5.2.7　使用 WinISO 编辑映像文件

### 1．创建映像文件

WinISO 既可以创建新的映像文件，也可以从当前映像文件中添加、删除和提取文件。下面首先介绍怎样创建新的映像文件。

(1) 选择"开始"|"所有程序"|WinISO|WinISO 命令，或双击桌面上的 WinISO 快捷方式图标，启动 WinISO 程序，弹出 WinISO 主界面，如图 5-14 所示。

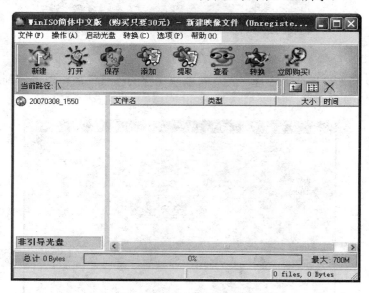

图 5-14　WinISO 主界面

(2) 单击"新建"按钮，然后从资源管理器中将文件拖到 WinISO 的主界面，如图 5-15 所示。

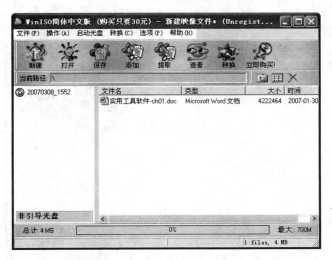

图 5-15　新建文件

(3) 单击"保存"按钮，弹出"另存为"对话框，如图 5-16 所示。

图 5-16　"另存为"对话框

(4) 在"文件名"文本框中输入文件名并选择保存路径，然后单击"保存"按钮则完成创建文件的过程。

### 2．在映像文件中添加文件

如果用户在创建映像文件后还想添加文件也是可以的，WinISO 提供了在已有映像文件中添加文件的功能。

(1) 在主界面上单击"打开"按钮，弹出 Open CDROM Image file 对话框，如图 5-17 所示。

图 5-17　Open CDROM Image file 对话框

(2) 选中映像文件，然后单击"打开"按钮，返回主界面，如图 5-18 所示。

图 5-18　选中映像文件

(3) 单击"添加"按钮，弹出"打开"对话框，如图 5-19 所示。

图 5-19　"打开"对话框

(4) 选中要添加的文件，然后单击"打开"按钮，返回主界面，如图 5-20 所示。

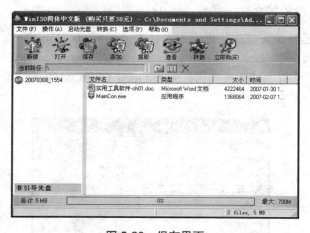

图 5-20　保存界面

(5) 单击"保存"按钮即可。

### 3．从映像文件中删除文件

使用 WinISO 也可以从已经创建好的映像文件中删除文件。

(1) 在主界面上单击"打开"按钮，弹出 Open CDROM Image file 对话框，如图 5-21 所示。

图 5-21　Open CDROM Image file 对话框

(2) 选中要打开的映像文件后，单击"打开"按钮，返回主界面，如图 5-22 所示。

图 5-22　选中要打开的映像文件

(3) 在文件列表中选中要删除的文件，然后单击⊠按钮，即可将选中的文件删除。
(4) 单击"保存"按钮即可。

### 4．从映像文件中提取文件

WinISO 提供了从当前已经创建的映像文件中提取文件的功能。

(1) 在主界面上单击"打开"按钮，弹出 Open CDROM Image file 对话框，如图 5-23 所示。

图 5-23　Open CDROM Image file 对话框

(2) 选中映像文件，然后单击"打开"按钮，返回主界面，如图 5-24 所示。

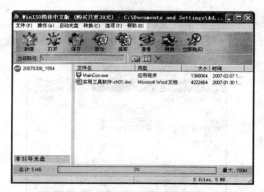

图 5-24　打开映像文件

(3) 选中要提取的文件，然后单击"提取"按钮，弹出"提取文件"对话框，如图 5-25 所示。

(4) 单击▥图标按钮，弹出"浏览文件夹"对话框，如图 5-26 所示。

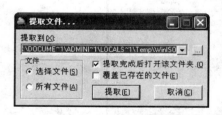

图 5-25　"提取文件"对话框

图 5-26　"浏览文件夹"对话框

(5) 选择保存路径后，单击"确定"按钮返回"提取文件"对话框。再单击"提取"按钮，弹出文件夹窗口，文件夹中显示出提取的"123.ISO"文件，如图 5-27 所示。

图 5-27　提取文件成功

(6) 关闭窗口，返回主界面即可。

## 5.2.8 利用 WinISO 转换光驱文件格式

WinISO 支持 BIN 格式文件和 ISO 格式文件互相转换,以及将其他格式文件转换成 BIN 格式文件或者 ISO 格式文件。

### 1. 将 BIN 文件转换成 ISO 文件

(1) 在主界面上选择"转换"|"BIN 转换为 ISO"命令,弹出"BIN 转换为 ISO 工具"对话框,如图 5-28 所示。

(2) 在"请选择来源文件"选项组中单击 图标按钮,弹出 Select file(s)对话框,如图 5-29 所示。

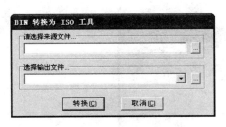

图 5-28 BIN 转换为 ISO

图 5-29 Select file(s)对话框

(3) 选中要转换的 BIN 文件,然后单击"打开"按钮,返回"BIN 转换为 ISO 工具"对话框,如图 5-30 所示。

(4) 在"选择输出文件"选项组中单击 图标按钮,弹出"另存为"对话框,如图 5-31 所示。

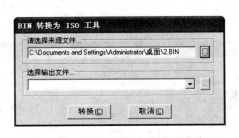

图 5-30 来源文件选择完毕

图 5-31 选择输出文件

(5) 在"文件名"文本框中输入文件名,然后选择保存路径,单击"保存"按钮,返回"BIN 转换为 ISO 工具"对话框。

(6) 单击"转换"按钮即可。

### 2. 将 ISO 文件转换成 BIN 文件

(1) 在主界面上选择"转换"|"ISO 转换为 BIN"命令，弹出"ISO 转换为 BIN 工具"对话框，如图 5-32 所示。

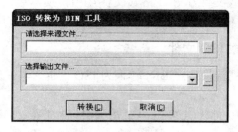

图 5-32　ISO 转换为 BIN

(2) 在"请选择来源文件"选项组中单击　图标按钮，弹出 Select file(s)对话框，如图 5-33 所示。

图 5-33　选择来源文件

(3) 选中要转换的 ISO 文件，然后单击"打开"按钮，返回"ISO 转换为 BIN 工具"对话框，如图 5-34 所示。

(4) 在"选择输出文件"选项组中单击　图标按钮，弹出"另存为"对话框，如图 5-35 所示。

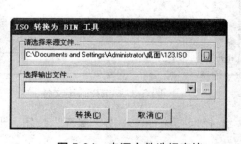

图 5-34　来源文件选择完毕

图 5-35　选择输出文件

(5) 在"文件名"文本框中输入文件名，然后选择保存路径，单击"保存"按钮，返回"ISO 转换为 BIN 工具"对话框。

(6) 单击"转换"按钮即可。

### 3．其他格式文件转换

(1) 在主界面上选择"转换"|"其他格式转换"命令，弹出"转换任何格式为 ISO 工具"对话框，如图 5-36 所示。

(2) 在"请选择来源文件"选项组中单击 图标按钮，弹出 Select file(s)对话框，如图 5-37 所示。

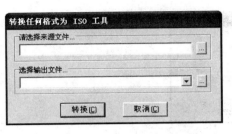

图 5-36　转换任何格式为 ISO 工具

图 5-37　Select file(s)对话框

(3) 选中要转换为 ISO 文件的文件，然后单击"打开"按钮，返回"转换任何格式为 ISO工具"对话框，如图 5-38 所示。

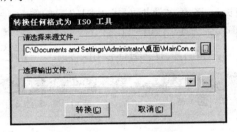

图 5-38　来源文件选择完毕

(4) 在"选择输出文件"选项组中单击 图标按钮，弹出"另存为"对话框，如图 5-39所示。

图 5-39　选择输出文件

(5) 在"文件名"文本框中输入文件名，然后选择保存路径，单击"保存"按钮，返回"转换任何格式为 ISO 工具"对话框。

(6) 单击"转换"按钮即可。

## 5.3　虚拟光驱工具

WinISO 可以直接从光驱中创建映像文件，下面就介绍如何从光驱中创建映像文件。

(1) 在主界面上选择"操作"|"从 CDROM 制作 ISO"命令，弹出"从 CDROM 制作 ISO 文件"对话框，如图 5-40 所示。

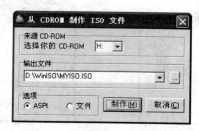

图 5-40　"从 CDROM 制作 ISO 文件"对话框

ASPI 方式是指使用 Windows 系统内部的 ASPI 接口驱动程序去读光驱。它有着很高的效率和速度，并且在 ISO 文件里可以记录下启动光盘的启动信息。如果 ASPI 驱动程序报告不能使用 ASPI 时，用户应该选择"文件"方式去创建，但是在使用"文件"方式时，如果光盘是启动光盘，ISO 文件中会丢失启动信息。

(2) 选择光驱所在的盘符，然后单击▁图标按钮，弹出"打开"对话框，如图 5-41 所示。

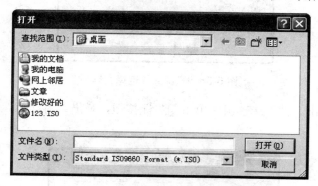

图 5-41　选择光驱所在的盘符

(3) 输入文件名，选择保存路径后单击"打开"按钮，返回"从 CDROM 制作 ISO 文件"对话框。在"选项"选项组中选择 ASPI 或"文件"方式，然后单击"制作"按钮，开始创建 ISO 文件，如图 5-42 所示。

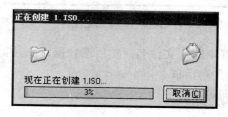

图 5-42　制作 ISO 文件

## 5.4　回到工作场景

通过 5.2～5.3 节内容的学习，相信读者应该掌握了光盘工具软件的使用方法，并足以完成 5.1 节工作场景中的任务了。具体的实现过程如下。

**【工作过程一】**

(1) 选择"开始"|"所有程序"| Nero 8 Ultra Edition | Nero StartSmart 命令，或双击桌面上的 Nero StartSmart 快捷方式图标，启动 Nero StartSmart 程序，如图 5-43 所示。

**图 5-43　Nero StartSmart 主界面**

(2) 单击主界面上的"音频刻录"按钮，进入"音频刻录"选项界面。"音频刻录"选项界面中有三个选项，最常用的是第一项和第二项。现在下载到的一般音乐格式都是 MP3，而目前市面上所有的 CD 机都可以支持播放 MP3 光盘，而音频 CD 则更多的是 CD 音乐翻刻，如图 5-44 所示。

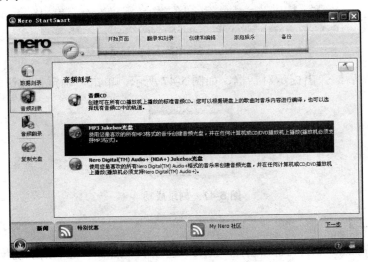

**图 5-44　"音频刻录"选项界面**

（3）单击"MP3 jukebox 光盘"按钮，弹出"打开"对话框，选择文件，"文件类型"选择 MP3 格式，如图 5-45 所示。

图 5-45    "打开"对话框

（4）单击"打开"按钮，进入下一界面，单击"刻录"按钮即可，如图 5-46 所示。

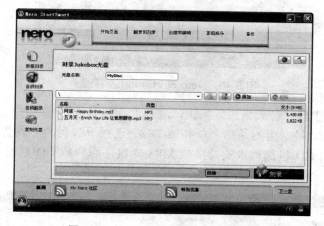

图 5-46    Nero StartSmart 刻录页面

（5）刻录成功后，弹出提示对话框，如图 5-47 所示，单击"确定"按钮即可。

图 5-47    刻录成功

【工作过程二】

（1）在开始界面中，切换到"翻录和刻录"选项卡，然后单击"刻录视频光盘"按钮，如图 5-48 所示。

图 5-48　视频刻录

(2) 进入 Nero Express Essertials 界面，单击"视频/图片"按钮，再单击"DVD 视频文件"按钮，如图 5-49 所示。

图 5-49　Nero Express Essertials 界面

(3) 这时弹出新的界面，单击"添加"按钮，选择之前转换好格式的视频文件，然后单击"下一步"按钮，如图 5-50 所示。

图 5-50　视频添加

(4) 之后选择所使用的刻录机, 如果您的电脑只连接着一个光驱, 那么就不必更改了, 直接单击 "刻录" 按钮, 静候几分钟, 一张视频光盘就刻录出来了, 如图 5-51 所示。

图 5-51　选择刻录机

【工作过程三】

Nero 可以完成对光盘质量的检测, 操作步骤如下。

(1) 在主界面上单击 按钮, 进入 "其他" 界面, 如图 5-52 所示。

(2) 单击 "测试驱动器" 按钮, 弹出 Nero CD-DVD Speed 窗口, 如图 5-53 所示。

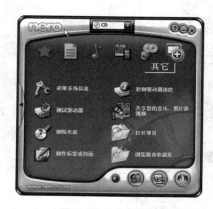

图 5-52　"其他" 界面

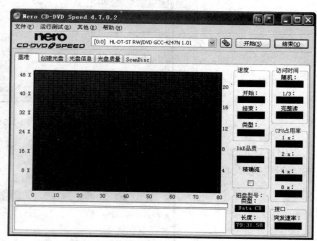

图 5-53　Nero CD-DVD Speed 窗口

(3) 单击 "开始" 按钮, 弹出 "提速驱动器" 对话框, 如图 5-54 所示。

图 5-54　"提速驱动器" 对话框

(4) 提速驱动器完成后，开始测试驱动器，如图 5-55 所示。

图 5-55　测试驱动器

(5) 测试结束后，测试结果如图 5-56 所示。

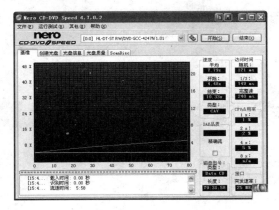

图 5-56　测试结果

(6) 单击"光盘信息"标签，打开"光盘信息"选项卡，可以查看光盘信息，如图 5-57 所示。

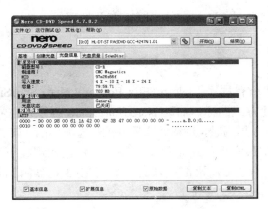

图 5-57　光盘信息

（7）单击"光盘质量"标签，打开"光盘质量"选项卡，可以查看光盘质量信息，如图 5-58 所示。

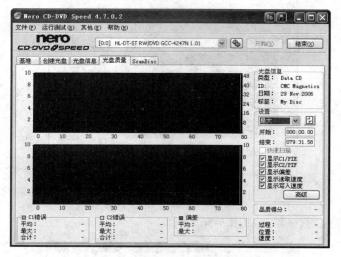

图 5-58　光盘质量

（8）查看结束后关闭该窗口即可。

## 5.5　工作实训营

### 5.5.1　训练实例

**1．训练内容**

利用 Nero 制作音频 CD 光盘。

**2．训练目的**

熟练使用光盘工具软件对 CD 和文件进行操作及处理。

**3．训练过程**

具体实现步骤如下。

（1）选择"开始"|"所有程序"|Nero Ultra Edition | Nero StartSmart 命令，或双击桌面上的 Nero StartSmart 快捷方式图标，启动 Nero StartSmart 程序，主界面如图 5-59 所示。

（2）单击主界面上的音频刻录，进入"音频刻录"选项界面，该选项界面中有三个选项，第三项一般不常用，我们最常用的还是第一项和第二项。而现在下载到的一般音乐格式都是 MP3，而目前市面上所有的 CD 机都可以支持播放 MP3 光盘，而音频 CD 更多的则是 CD 音乐翻刻，如图 5-60 所示。

图 5-59　Nero StartSmart 主界面

图 5-60　"音频刻录"选项界面

（3）单击"MP3 jukebox 光盘"按钮，弹出"打开"对话框，选择文件，"文件类型"选择 MP3 格式，如图 5-61 所示。

图 5-61　"打开"对话框

（4）MP3 格式音乐选择成功，选择好要刻录的音乐之后，单击"刻录"按钮就可以了，如图 5-62 所示。

图 5-62　Nero StartSmart 刻录界面

（5）刻录成功后，弹出提示对话框，如图 5-63 所示，单击"确定"按钮即可。

图 5-63　刻录成功

### 4．技术要点

利用 Nero 的"MP3 jukebox 光盘"功能对视频文件进行刻录。

## 5.5.2　工作实践常见问题解析

【问题 1】可以用什么软件刻录音频文件？

【答】可以用 Nero StartSmart 制作 CD 音频光盘。

【问题 2】怎样刻录视频文件？

【答】打开 Nero StartSmart，单击"翻录和刻录"按钮，切换到"刻录视频光盘"按钮。

【问题 3】怎样复制现有的系统盘？

【答】可以在 Nero StartSmart 主界面中单击左边的"复制光盘"按钮，放入源光盘(母盘)，然后单击"复制"按钮，复制完成后 Nero 会自动弹出光驱，然后放入空白盘，即可复制成功。

【问题 4】怎样创建新的映像文件？

【答】使用 WinISO 可以创建新的映像文件，并可以从当前映像文件中添加、删除和提取文件。

【问题 5】如何转换光驱文件格式？

【答】利用 WinISO 可以在 BIN 格式文件和 ISO 格式文件之间转换，以及将其他格式文件转换成 BIN 或者 ISO 格式文件。

【问题 6】如何使用何种软件虚拟光驱工具创建映射文件？

【答】可以利用 WinISO 直接从光驱中创建映像文件。

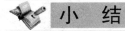 ## 小　结

本章主要介绍了一些常用的光盘工具软件：光盘刻录工具、ISO 映像文件制作工具、虚拟光驱工具等。通过本章的学习，要求熟练使用 Nero StartSmart 制作 CD 音频、视频光盘及进行数据刻录、复制光盘等，学会使用 WinISO 编辑映像文件、从光驱中创建映像文件、转换光驱文件格式，能够灵活运用一些虚拟光驱工具创建虚拟文件，并要了解一些光盘文件操作工具，解决光盘刻录时遇到的一些常见问题。

## 习　题

1．使用 Nero StartSmart 刻录 CD 和 DVD 数据光盘。
2．使用 Nero StartSmart 制作音频和视频光盘。
3．使用 Nero StartSmart 获取系统信息并测试驱动器。
4．使用 WinISO 创建 ISO 文件，并删除、提取和添加文件到 ISO 文件中。
5．利用 WinISO 将 ISO 格式文件转换成 BIN 格式。

# 第6章

## 电子图书浏览和制作工具软件

 本章要点

- ■ 利用超星图书阅览器打开远程图书馆中的书目
- ■ 利用 Adobe Reader 阅读 PDF 文件
- ■ 在魅客电子杂志生成器中给电子杂志添加特效
- ■ 在魅客电子杂志生成器中更改电子杂志的封面和封底
- ■ 在魅客电子杂志生成器中发布电子杂志

 技能目标

- ■ 熟练使用超星图书阅览器
- ■ 能够使用魅客电子杂志生成器制作电子杂志

# 6.1  工作场景导入

**【工作场景】**

电子图书又称 E-book，是指以数字代码方式将图、文、声、像等信息，存储在磁、光、电介质上，通过计算机或类似设备使用，并可复制发行的大众传播体。其类型有：电子图书、电子期刊、电子报纸和软件读物等。

小王想学习一些软件的使用方法，发现下载的教程多为 PDF 格式，他想阅读该软件教程且在某些位置作出适当的标注，以及复制粘贴某些内容，同时他也想自己制作一个教程，该如何操作？

**【引导问题】**

(1) 如何利用超星图书阅览器打开远程图书馆中的教程及书目？

(2) 如何阅读下载下来的电子图书？

(3) 如何自己制作一本与众不同的电子图书？

# 6.2  超星图书浏览工具

## 6.2.1  超星图书阅览器基本概念

超星图书阅览器(SSReader)是超星公司拥有自主知识产权的图书阅览器，是专门针对数字图书的阅览、下载、打印、版权保护和下载计费而研究开发的，可以阅读网上由全国各大图书馆提供的、总量超过 30 万册的 PDG 格式电子图书，并可阅读其他多种格式的数字图书。

超星图书阅览器的功能及特点如下。

(1) 可以阅读 PDG 格式的数字图书。

(2) 可以在线搜索图书。

(3) 能制作新的电子图书。

(4) 会员可以上传自己整理的专题图书馆、分类的站点，并通过上传资源站点实现资源共享。

(5) 可以在网站上下载资料。

## 6.2.2  使用超星图书阅览器浏览电子图书

随着各大图书馆不断加快"数字图书馆"的进程，上网读书变成了现实。下面将介绍如何利用超星图书阅览器打开远程图书馆的书目。

(1) 选择"开始"|"所有程序"|"超星阅览器"|"超星阅览器"命令，或双击桌面上的"超星阅览器"快捷方式图标，启动超星阅览器程序，其主界面如图 6-1 所示。

图 6-1　超星阅览器主界面

(2) 在界面左侧切换到"资源"选项卡，列表中有"本地图书馆"、"光盘"和"数字图书网" 3 类，如图 6-2 所示。

(3) 单击"数字图书网"左边的 ⊕ 按钮，或者双击"数字图书网"选项，进入其下级分类，如图 6-3 所示。

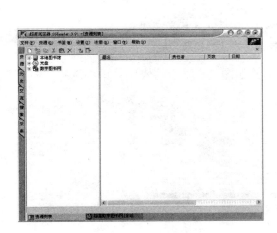

图 6-2　"资源"选项卡

图 6-3　展开"数字图书网"

(4) 在分类中找到"经济图书馆"选项，单击其左边的 ⊕ 按钮，或者双击"经济图书馆"选项，将其展开，如图 6-4 所示。

(5) 依次展开类别，找到需要的书目。例如选择"中国旅游事业"类别，其所有的书目将在右侧窗格中显示，如图 6-5 所示。

图 6-4　选择"经济图书馆"选项

图 6-5　选择"中国旅游事业"类别

(6) 双击要阅读的书籍，或者右击并在弹出的如图 6-6 所示的快捷菜单中选择"打开"命令。

图 6-6　选择"打开"命令

(7) 打开如图 6-7 所示的界面，用户可选择"阅览器阅读"或者"IE 阅读"方式。

**图 6-7** "IE 阅读"方式的界面

(8) 切换到"阅览器阅读"方式，打开如图 6-8 所示的窗口，即可用超星图书阅览器阅读远程图书馆的书目。

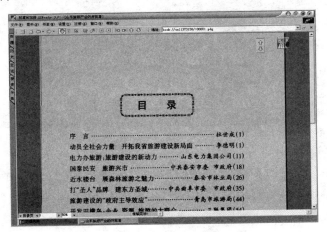

**图 6-8** "阅览器阅读"方式

## 6.3 利用 Adobe Reader 阅读 PDF 文件

### 6.3.1 Adobe Reader 的基本概念

PDF(Portable Document Format)文件就是"便携式文档文件"，是电子文档的一种标准。Adobe Reader 是 Adobe 公司推出的一个专门用来阅读 PDF 文件的阅读器。

Adobe Reader 具有以下特点。

(1) 可以查看和打印便携文档格式的文件，也就是 PDF 文件。

(2) 选择和复制 PDF 文档中的图像。

(3) 可以导览 PDF 文档。

(4) 能够联机创建 Adobe PDF 文件。

(5) 具有快速的运行和启动速度。

## 6.3.2 使用 Adobe Reader 阅读 PDF 文件

Adobe Reader 的主要功能就是阅读和浏览 PDF 文件。下面将介绍如何利用 Adobe Reader 阅读 PDF 文件。

(1) 选择 "开始" | "所有程序" | Adobe Reader 8.0 命令，或双击桌面上的 Adobe Reader 8.0 快捷方式图标，启动 Adobe Reader 程序，其主界面如图 6-9 所示。

图 6-9　Adobe Reader 主界面

(2) 选择 "文件" | "打开" 命令，弹出如图 6-10 所示的 "打开" 对话框，然后选择需要打开的 PDF 文件，再单击 "打开" 按钮。

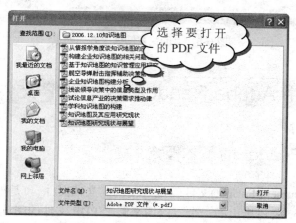

图 6-10　选择要打开的 PDF 文件

(3) 打开选择的 PDF 文件，Adobe Reader 的窗口如图 6-11 所示。

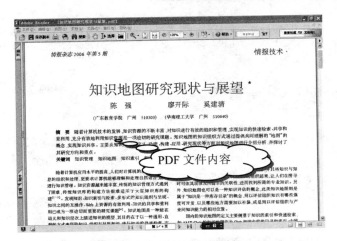

图 6-11　打开的 PDF 文件

(4) 单击窗口左侧的"页面"按钮，在右侧窗格中选择要查看的 PDF 文件的具体页面，如图 6-12 所示。

图 6-12　PDF 文件的所有页面

(5) 选择菜单栏上的"工具"|"基本工具"|"手形工具"命令，如图 6-13 所示。或者单击工具栏上的 图标，然后就可以拖动鼠标在右侧内容窗格中查看 PDF 文件的内容了。

图 6-13　"手形工具"命令

此外，用户还可以选择工具栏上的按钮对 PDF 文件进行查看和浏览。例如单击 按钮，可以以"适合页面"方式显示 PDF 文件；单击 按钮，可以以"适合宽度"方式显示 PDF 文件；单击 按钮，可以缩小 PDF 文件；单击 按钮，可以放大 PDF 文件。

## 6.4　电子文档制作工具

### 6.4.1　查看 PDF 文件信息

有时候，我们需要快速了解打开的 PDF 文件的一些信息，例如关键词、作者、是否可以打印等。Adobe Reader 就提供了这样一项功能，把我们从繁重的浏览任务中解脱出来。

（1）启动 Adobe Reader，然后打开需要查看文件信息的 PDF 文件。

（2）选择菜单栏中的"文件"|"文档属性"命令，弹出如图 6-14 所示的"文档属性"对话框。

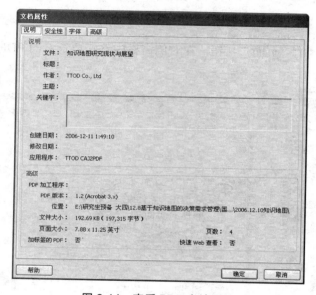

图 6-14　查看 PDF 文档属性

（3）用户可以通过切换"说明"、"安全性"、"字体"和"高级"选项卡，查看 PDF 文件的各项信息。查看完毕后，单击"确定"按钮即可返回 Adobe Reader 的主界面。

### 6.4.2　选择和复制图像

使用快照工具可以将选择的图像或文本以图像的格式复制到剪贴板，下面就介绍其具体操作步骤。

（1）启动 Adobe Reader，然后打开需要复制图像的 PDF 文件。

（2）选择菜单栏中的"工具"|"基本工具"|"快照工具"命令，或者单击工具栏中的 按钮，选择要保存为图像格式的那部分 PDF 文件区域，则会弹出如图 6-15 所示的提示对话框。

图 6-15　提示对话框

(3) 在桌面上右击，在弹出的快捷菜单中选择"新建"|"Microsoft Word 文档"命令，打开"新建 Microsoft Word 文档"窗口。在菜单栏中选择"编辑"|"粘贴"命令，这时会发现刚才选定的区域被粘贴到了 Word 文档中，如图 6-16 所示。

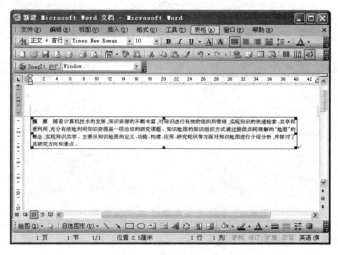

图 6-16　选定的区域复制到了 Word 文档中

# 6.5　电子书制作工具

## 6.5.1　魅客电子书生成器基本概念

魅客电子书生成器是一个傻瓜式电子相册、电子书、电子读物的快速制作工具。

魅客电子书生成器有以下特点。

(1) 可以让用户在网上发表制作的电子书。

(2) 可以添加声音的断点播放功能。

(3) 提供多种样式的模板，包括简历型、宽屏型等，以适应用户不同的需求。

(4) 提供更加强大的页面编辑功能，使用户能方便地编辑。

(5) 可以修正目录存在的问题，提供目录生成模板。

(6) 提供 MP3 转换工具。

(7) 可以添加图标工具，包括方便添加到主程序和拉伸等功能。

(8) 模板支持页面循环播放。

## 6.5.2 使用魅客电子书生成器制作电子书

阅读一本好的电子书，就好像在享受一场感官的盛宴，文字、美图、音乐的结合让我们叹为观止。下面就介绍如何在魅客电子书生成器中添加特效，从而制作出一本精美的电子书。

(1) 启动魅客电子书生成器，切换到"第一步：相册编辑"选项卡，在左侧的工具栏中选择"大纲视图"|"第一页"命令，其界面如图 6-17 所示。

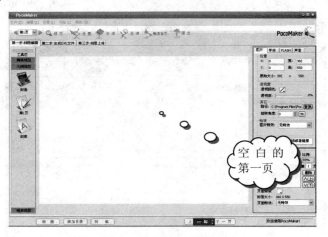

图 6-17 启动魅客电子书生成器界面

(2) 选择菜单栏中的"编辑"|"批量导入(单图)"命令，弹出如图 6-18 所示的"打开"对话框。然后选择一张要导入的图片，再单击"打开"按钮。

图 6-18 "打开"对话框

(3) 回到如图 6-19 所示的魅客电子书生成器界面，就可以添加特效了。

图 6-19 返回魅客电子书生成器界面

(4) 选择其中准备添加特效的一页，然后选择左侧工具栏中的"特效视图"命令，界面如图 6-20 所示。

图 6-20 准备添加特效视图

(5) 把鼠标指针放在特效视图上，在其右侧就可预览其效果，如图 6-21 所示。然后单击想要添加的特效视图，就可以使当前的图片具有该视图的效果。

图 6-21 预览特效

(6) 单击要设置的图片，在右侧的"图片"选项卡中对图片的位置、透明度、旋转角度、图片特效和页面背景进行设置，如图 6-22 所示。

(7) 右击图片，弹出如图 6-23 所示的快捷菜单，选择"添加文字"命令。

图 6-22　特效综合设置

图 6-23　添加文字

(8) 这时，界面上会出现一个文本框，用户可以在其中输入文字，如图 6-24 所示。

图 6-24　添加文字

(9) 切换到"字体"选项卡，如图 6-25 所示，对字体的颜色、旋转角度和文字特效等进行相应的设置。

(10) 切换到"声音"选项卡，如图 6-26 所示，选择要添加的音乐即可。

图 6-25　字体设置

图 6-26　添加音乐

### 6.5.3　更改封底

(1) 启动魅客电子书生成器，切换到"第一步：相册编辑"选项卡，在左侧的工具栏中选择"大纲视图"|"封底"命令，其界面如图 6-27 所示。

图 6-27　默认的封底

(2) 在右侧窗格中切换到"图片"选项卡，如图 6-28 所示，然后单击"替换"按钮。

(3) 弹出如图 6-29 所示的"打开"对话框，选择要将封底替换后的图片，然后单击"打开"按钮。

图 6-28　替换路径　　　　　　　　　　　图 6-29　"打开"对话框

(4) 最后封底就转换成如图 6-30 所示的样式，更改封底成功。

图 6-30　更改封底成功

## 6.5.4　发布电子书

制作好电子书后，我们就可以把它发布到网站上和大家一起分享了。

(1) 启动魅客电子书生成器，切换到"第三步：相册上传"选项卡，出现如图 6-31 所示的窗口。

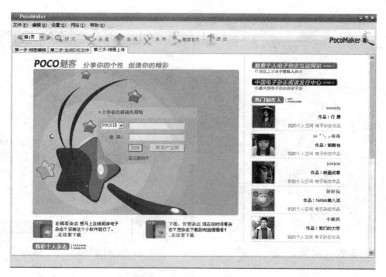

图 6-31　相册上传

(2) 如果没有注册，单击"新用户注册"按钮，弹出如图 6-32 所示的新用户注册窗口。

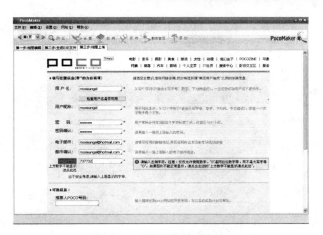

图 6-32　新用户注册窗口

（3）在新用户注册窗口中输入相关信息并进行设置后，即可成为注册用户，然后打开如图 6-33 所示的窗口。

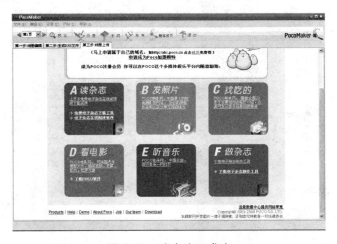

图 6-33　账户注册成功

（4）在图 6-33 所示的窗口中选择想要在网站上做的事情。例如选择上传相册，则会出现如图 6-34 所示的窗口。

图 6-34　上传相册

（5）在图 6-34 所示的窗口中输入上传相册的相关信息后，用户就可以把自己制作的个性化电子相册发布到网站上了。

## 6.6 回到工作场景

通过 6.2～6.5 节内容的学习，您应该掌握了电子图书浏览和制作工具软件的使用方法，此时足以完成 6.1 节工作场景中的任务。具体的实现过程如下。

【工作过程一】

（1）选择"开始"｜"所有程序"｜"超星阅览器"｜"超星阅览器"命令，或双击桌面上的"超星阅览器"快捷方式图标，启动超星阅览器程序，其主界面如图 6-35 所示。

图 6-35　超星阅览器主界面

（2）在界面的左侧切换到"资源"选项卡，列表中有"本地图书馆"、"光盘"和"数字图书网" 3 类，如图 6-36 所示。

（3）单击"数字图书网"左边的 ⊕ 按钮，或者双击"数字图书网"选项，然后进入其下级分类，如图 6-37 所示。

图 6-36　"资源"选项卡

图 6-37　选择"数字图书网"选项

(4) 在分类中找到"经济图书馆"选项，单击其左边的⊕按钮，或者双击"经济图书馆"选项，将其展开，如图 6-38 所示。

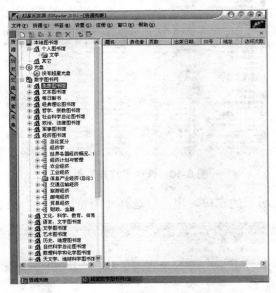

**图 6-38　选择"经济图书馆"选项**

(5) 依次展开类别，找到需要的书目。例如，选择"中国旅游事业"类别，其所有的书目将在右侧窗格中显示，如图 6-39 所示。

**图 6-39　选择"中国旅游事业"类别**

(6) 双击要阅读的书籍，或者右击并在弹出的如图 6-40 所示的快捷菜单中选择"打开"命令。

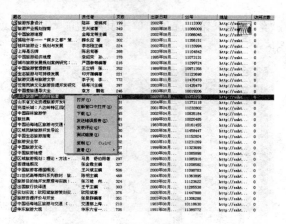

图 6-40　选择"打开"命令

(7) 打开如图 6-41 所示的窗口，用户可选择"阅览器阅读"或者"IE 阅读"方式。

图 6-41　"IE 阅读"方式

(8) 单击"阅览器阅读"按钮，打开如图 6-42 所示的窗口，即可用超星图书阅览器阅读远程图书馆的书目。

图 6-42　"阅览器阅读"方式

【工作过程二】

(1) 选择"开始" | "所有程序" |Adobe Reader 8.0 命令，或双击桌面上的 Adobe Reader 8.0 快捷方式图标，启动 Adobe Reader 程序，其主界面如图 6-43 所示。

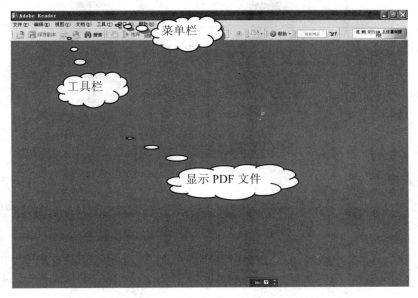

图 6-43　Adobe Reader 主界面

(2) 选择"文件" | "打开"命令，弹出如图 6-44 所示的"打开"对话框，然后选择需要打开的 PDF 文件，再单击"打开"按钮。

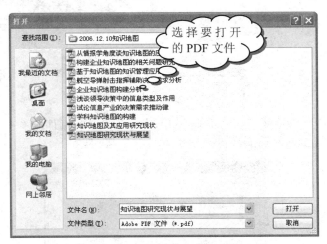

图 6-44　选择要打开的 PDF 文件

(3) 打开选择的 PDF 文件，Adobe Reader 的窗口如图 6-45 所示。

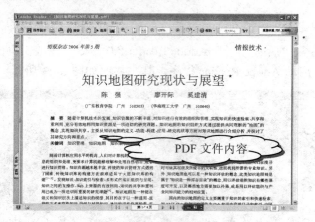

图 6-45　打开完成的 PDF 文件

【工作过程三】

(1) 启动魅客电子书生成器，切换到"第一步：相册编辑"选项卡，在左侧的工具栏中选择"大纲视图"|"第一页"命令，其界面如图 6-46 所示。

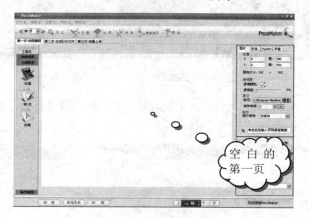

图 6-46　启动魅客电子书生成器界面

(2) 选择菜单中的"编辑"|"批量导入(单图)"命令，弹出如图 6-47 所示的"打开"对话框。然后选择一张要导入的图片，再单击"打开"按钮。

图 6-47　"打开"对话框

(3) 回到如图 6-48 所示的魅客电子书生成器界面，下面就可以添加特效了。

图 6-48　导入图片

(4) 选择其中准备添加特效的一页，然后选择左侧工具栏中的"特效视图"命令，界面如图 6-49 所示。

图 6-49　准备添加特效视图

(5) 把鼠标指针放在特效视图上，在其右侧就可预览效果，如图 6-50 所示。然后单击想要添加的特效视图，就可以使当前的图片具有该视图的效果。

图 6-50　预览特效

（6）单击要设置的图片，在右侧的"图片"选项卡中对图片的位置、透明度、旋转角度、图片特效和页面背景进行设置，如图 6-51 所示。

（7）右击图片，弹出如图 6-52 所示的快捷菜单，在其中选择"添加文字"命令。

图 6-51　"图片"选项卡

图 6-52　选择"添加文字"命令

（8）这时，界面上会出现一个文本框，用户可以在其中输入文字，如图 6-53 所示。

（9）切换到"字体"选项卡，如图 6-54 所示，对字体的颜色、字体、旋转角度和文字特效等进行相应的设置。

图 6-53　添加文字

图 6-54　字体设置

（10）切换到"声音"选项卡，如图 6-55 所示，选择要添加的音乐即可。

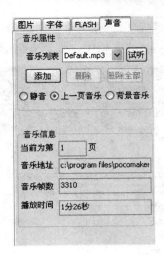

图 6-55　添加音乐

 ## 6.7　工作实训营

### 6.7.1　训练实例

**1．训练内容**

使用快照工具可以将选择的图像或文本以图像的格式复制到剪贴板上。

**2．训练目的**

熟练使用系统优化和维护工具软件。

**3．训练过程**

具体实现步骤如下。

(1) 启动 Adobe Reader，然后打开需要复制图像的 PDF 文件。

(2) 选择菜单栏中的"工具"|"基本工具"|"快照工具"命令，或者单击工具栏中的 按钮，选择要保存为图像格式的那部分 PDF 文件区域，则会弹出如图 6-56 所示的提示对话框。

图 6-56　提示对话框

(3) 在桌面上右击，在弹出的快捷菜单中选择"新建"|"Microsoft Word 文档"命令，

打开"新建 Microsoft Word 文档"窗口。在菜单栏中选择"编辑"|"粘贴"命令，这时会发现刚才选定的区域被复制到了 Word 文档中，如图 6-57 所示。

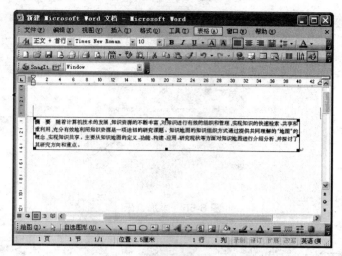

图 6-57  选定的区域复制到了 Word 文档中

## 6.7.2  工作实践常见问题解析

【问题 1】哪些软件可以将 PDF 文件转换为 Word 文件？

【答】可以用 PDF 转换器软件。PDF 转换器可方便地将各种流行的文件格式(Word、Excel、TXT 等)转换成 PDF 文件，也可以将 PDF 文件转换为各种流行文件格式。

【问题 2】怎样查看 PDF 的关键词、作者、是否可以打印？

【答】可以利用 Adobe Reader 中的"文件"|"文档属性"命令查看 PDF 文件的一些信息。

【问题 3】如何复制和选择 PDF 中的图像？

【答】可以利用 Adobe Reader 快照工具将选择的图像或文本以图像的格式复制到剪贴板上。

【问题 4】为什么安装魅客后每次启动魅客的时候都提示："对不起，运行文件已损坏，请卸载并重新安装魅客。"卸载重装之后就可以使用？

【答】安装魅客电子书生成器软件时选择安装路径为 C 盘以外的路径即可。

【问题 5】如何和他人分享电子书？

【答】可以启动魅客电子书生成器，选择相册上传。

## 小  结

本章主要介绍了一些常用的电子图书浏览和制作工具软件：超星图书浏览工具、PDF 阅读工具、电子文档制作工具、电子书制作工具等。通过本章的学习，读者能够熟练利用超星图书阅览器、Adobe Reader 阅读 PDF 文件等，学会使用 Adobe Reader 查看 PDF 文件信息、选择和复制图像，能够灵活运用魅客电子书生成器制作电子书并更改封底、发布电子书，并要了解一些电子书浏览和制作的操作工具，解决电子书的一些常见问题。

## 习　题

1．在 PDF 文件中选择一个图片，运用快照工具将其复制到 Word 文档中。
2．选择 PDF 文件中的文字，将其保存到记事本中。
3．利用超星图书阅览器打开远程图书馆中的书目。
4．利用魅客电子杂志生成器制作个性化的电子相册并上传到网站上。

# 第 7 章

## 语言翻译工具软件

本章要点

- 使用金山快译翻译英文文章
- 使用金山快译进行网页翻译
- 使用金山词霸查询单词
- 使用金山词霸在网页中屏幕取词

技能目标

- 能够熟练使用金山快译
- 能够熟练使用金山词霸

# 7.1　工作场景导入

### 【工作场景】

随着科技的发展，现在互联网的引用越来越广泛，各种语言的网页也越来越多，难免出现英语的网页，遇到不认识的单词和句子的时候怎么办？小王是个新闻工作者，每天了解国内外的一手新闻资讯是工作必要环节，可是小王浏览英文网页的过程中常常会遇到不认识的单词，如何查询这些单词的含义，以及如何能直接对整页网页进行翻译？

### 【引导问题】

(1) 如何查询单词的含义？
(2) 如何使用金山快译进行网页翻译？

# 7.2　金山快译

《金山快译》是一款强大的中日英文翻译软件，既为您提供了广阔的"词海"，也是灵活准确的翻译家。一直以来，《金山快译》产品都只有收费专业版，而近期金山公司全新推出的《金山快译个人版》面向个人用户免费推出，取消了收费，功能却更强大了。

《金山快译》拥有小巧、易用的界面，它将所有功能都集合在工具条上，从而形成快译的主界面。

《金山快译个人版》全新支持 QQ、RTX、MSN、雅虎通进行六种语言的翻译功能，您可以同时进行多语言的聊天，达到无障碍的沟通。

## 7.2.1　下载并安装金山快译

(1) 登录 http://ky.iciba.com/yongfu_kuaiyi.shtml，单击下载按钮，下载金山快译最新免费个人版本。
(2) 下载完成后，双击打开下载好的程序进行安装。
(3) 安装前，需要先阅读并同意《金山快译 2011 软件产品许可协议》才能继续。
(4) 接着指定是否添加金山快译 2011 的快捷方式。
(5) 在完成安装路径的选择之后，单击"安装"按钮，等待金山快译 2011 安装完成。
(6) 直接在安装程序中启动金山快译 2011，立刻开始金山快译 2011 带给您的新生活吧！

## 7.2.2　金山快译的使用

金山快译的界面如图 7-1 所示。

图 7-1　金山快译的界面

其工具按钮简介如下。

**译**：快速简单的翻译按钮。

**A**：取消当前汉化按钮，恢复到原来页面的状态。

**汉**：软件界面汉化按钮，仅用于汉化软件的界面。

**永**：开启永久汉化工具按钮。

**全**：开启全文翻译工具按钮。

**码**：内码转换按钮，通过下拉菜单选择转换的类型。

**切**：切换到快译的浮动菜单条方式。

**i**：开启写作助理按钮。

**取**：开启/关闭词霸取词功能。

**设**：打开快译的设置菜单。

## 7.2.3　翻译英文文章

用户在使用电脑的过程中，越来越多地面对大量的英文文献，往往要花费大量时间查阅、理解英语。

金山快译的翻译功能可以帮您解决英文的阅读问题，金山快译 2011 提供了以下不同程度的翻译方法。

翻译插件：金山快译可为某些文本编辑器安装快译翻译插件，若要翻译的文章是用带有翻译插件的编辑器打开的话，只需单击插件上的翻译按钮，既可进行翻译，还可以继续编辑。如图 7-2 所示，可在 Word 中对文章进行翻译。要注意的是，受限用户的权限 Office 默认是不能加载插件的，用户需要先运行插件管理器注册插件，才能使用。

图 7-2　金山快译翻译插件

快速翻译：若文本编辑器中没有快译插件，那么打开您要翻译的文件并使其处于激活状态，然后单击金山快译的快速翻译按钮，可快速实现英译中，翻译效果仅提供用户参考。

全文翻译：快译的全文翻译器专门用来翻译文章。单点击打开全文翻译器，添加需要翻译的文章的路径，选择相应的翻译按钮进行翻译。此项功能的翻译质量较高，利用它可以带给用户很大的方便。

## 7.2.4　金山快译汉化软件界面

如果您对像 WinZIP、ACDsee 及 Winamp 这些著名软件界面上的英文菜单感到烦恼，或者希望汉化一些英文软件，那么您可以通过以下几个功能实现软件界面的中文化。

(1) 界面汉化：单击快译工具条上的快速简单翻译按钮，此按钮专门用于汉化软件界面，并精心制作了 1000 个英文软件专用汉化包，涵盖了最常用的英文软件。

(2) 永久汉化：单击金山快译工具条上的开启永久汉化工具按钮，打开永久汉化窗口，经永久汉化过的英文软件可脱离金山快译 2011 而独立运行。

(3) 快速汉化：单击快译工具条上的快速简单翻译按钮，它是全屏汉化按钮，不仅可对界面进行简单汉化，同时也能将界面内的其他内容进行汉化。

## 7.2.5　金山快译多语言的内码转换

在世界趋于一体化的同时，不同平台间应用的交换也越来越频繁，此时可能会面临内码不同所带来的交流不便问题。

当您需要转换网页内码时，只需单击金山快译工具条上的内码转换按钮，将显示下拉菜单，如图 7-3 所示。

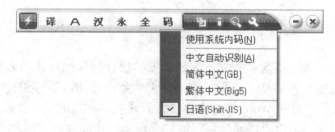

图 7-3　转换网页内码

选择相应的转换形式即可切换当前页面的内码显示。

## 7.2.6　网页翻译

如果您对网站上的英文感到费解的时候，通过以下方法，金山快译可以很快地帮您解决这个难题。

屏幕翻译：也叫做快速简单翻译，在快译的主界面上单击　译 图标按钮，软件即可自动进行屏幕翻译。这种翻译形式速度较快，但翻译的较为简单，仅提供用户参考使用。

翻译插件：金山快译在安装的过程中会自动在 IE 上安装网页翻译插件，如图 7-4 所示。

图 7-4　网页翻译插件

插件上包括四个翻译类按钮，分别是：快译、英中、日中、中英。

快译按钮：若要快速将英文网页翻译成简体中文，单击快译按钮，该按钮调用金山快译的快速翻译引擎，为用户进行最常用的英译中(简体中文)。

英中、日中、中英按钮：调用的是六种翻译引擎，它不仅能翻译简体中文，也能翻译繁体中文。用户可根据需要单击相应的按钮进行翻译。

其他按钮介绍如下。

还原按钮：取消译文状态。

设置按钮：设置译文的显示情况，可以对照显示，也可以只显示译文。

## 7.2.7　英文写作助理

顾名思义，金山快译 2007 英文写作助理是一个帮助用户书写英语的小工具，它可以使用在任何文本编辑器中。开启英文写作助理后，用户在书写英文的时候，该助理可以智能地显示出与拼写相似的单词列表，以及单词的释意，同时还可以自动识别大小写。用户可以根据列表找到要输入的英文单词，选择单词，按 Enter 键(回车键)，写作助理会帮您把这个单词书写到文本上。英文写作助理不仅可以帮用户找到单词，同时还可以帮助用户输入相关的词组。该英文写作助理在金山快译安装后自动安装在输入法栏中，可以脱离金山快译而运行，它的使用与输入法的切换方法一样，可以方便地调用。

使用写作助理：单击桌面右下角的输入法按钮，在弹出的菜单中选择金山英文写作助理，如图 7-5 所示，它的切换方法与其他输入法的切换方法相同。

图 7-5　金山英文写作助理

运行后的写作助理将显示在窗口右下角，例如，⌗⌗⌗⌗⌗⌗。

此外还有一个浮动的开关，开启：⌗开启⌗；关闭：⌗关闭⌗。

该开关通过单击使英文写作助理在开启与关闭之间切换。右边还有一个符号按钮，默认为自动加入逗号与空格，用户也可以通过单击取消该功能，例如，⌗关闭⌗。

# 7.3 金山词霸

## 7.3.1 下载并安装金山词霸

(1) 登录 http://g.iciba.com/，单击下载按钮，下载最新版本的金山词霸 2012。

(2) 下载完成后，双击打开下载好的程序进行安装。

(3) 安装前，需要先阅读并同意《金山词霸 2012 软件产品许可协议》才能继续。

(4) 接着指定是否添加金山词霸 2012 的快捷方式。

(5) 在完成安装路径的选择之后，单击"安装"按钮，等待金山词霸 2012 安装完成。

(6) 直接在安装程序中启动金山词霸 2012，立刻开始金山词霸 2012 带给您的新生活吧!

## 7.3.2 金山词霸的使用

在默认状态下安装了"金山词霸"后，就会在"开始"菜单和桌面上出现"金山词霸"快捷方式，并且在安装时可以设置开机时自动运行该程序。

用鼠标双击桌面上的"金山词霸"快捷图标。该窗口中的下拉组合框可以输入要查询的内容，左窗格显示索引或向导等，右窗格显示相应的解释等，而且右窗格中的解释还可以根据需要进行选择并可以复制到剪贴板上。

## 7.3.3 查英文单词

查英文单词的方法很简单，只要在窗口上方的输入处输入相应的英文单词、词组或缩写，这时左窗格中就会有对应的索引显示，右窗格就会显示相应的词义。

如果要查该词的出处，可以再单击"查询"按钮，或直接按 Enter 键，左窗格就会显示向导。

例如想知道 DIY 表示什么意思，就可以按以上方法操作，其显示如图 7-6 所示。从左窗格中可以看出，该词出自简明英汉词典和新词词典。

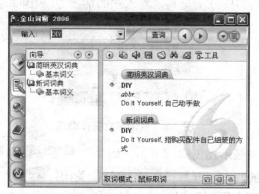

图 7-6 金山词霸查英文单词

当输入一个英文单词后，右窗格中将显示该单词中文解释、音标，还有一个发音图标，单击该图标，能进行单词朗读。

### 7.3.4　查汉字或中文词语

与查英文单词的方法一样，只要在窗口上方的输入处输入相应的汉字或中文词组，这时左窗格中就会有对应的索引显示，右窗格就会显示"简明汉英词典"中相应的英文单词或词组。如输入"计算机"，则右窗格就显示 calculating machine、calculator、computer、counting machine 几项，单击其中一项，又会显示其英文相对应的中文解释。

如果输入"计算机"后按 Enter 键或单击"查询"按钮，左窗格就会显示向导，如果选择"高级汉语词典"常用词组中的"计算机"，右窗格中就会显示有关计算机的拼音和中文解释："接收、处理和提供数据的一种装置……"。

### 7.3.5　模糊查询

模糊查询使用通配符"*"和"?"。"*"号可以代替零到多个字母或汉字，"?"号仅代表一个字母或汉字。当用户忘记了一个单词中的某个字母时，可以用"?"来代替该字母进行查询，此时索引栏会列出所有符合条件的单词。

如输入"r?ce"，就会在左窗格中列出 race、RACE、rice、Rice，然后用户可以根据它们找出真正需要的单词。

### 7.3.6　设置屏幕取词

屏幕取词功能可以翻译屏幕上任意位置的中/英文单词或词组，即进行中英文互译。它实现了即指即译，也就是将鼠标移至需要查询的中英文单词上，将即时显示一个浮动的小窗口，如图 7-7 所示，其中列出了所查词组"接收"对应的英文单词或词组。如果单击其中的，可以立即查词典，单击可以复制其解释到剪贴板，单击可以朗读。

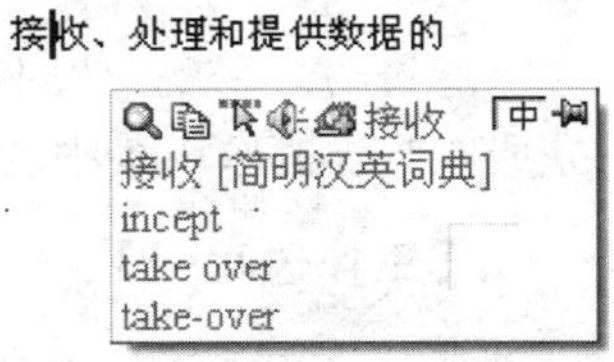

如果是在英文单词上取词，将显示其音标、释义等多项有用的内容，可帮您快速学习、理解该单词，单击还有简单的句子翻译。

设置屏幕取词的方法是：单击如图 7-7 窗口中的主菜单按钮，在菜单中选择"屏幕取词"命令。

接收、处理和提供数据的

图 7-7　屏幕取词

### 7.3.7　利用用户词典添加新词

用户可以添加金山词霸词库中没有收录的中英文单词到用户词典中，在添加并保存用户词典后，金山词霸将可以解释被添加的词。用户也可通过"设置"来启用用户词典。

如 Kaspersky Anti-Virus 的中文含义是"卡巴斯基防病毒"，将其添加到用户词典，并能在窗口中显示的方法如下。

(1) 在图 7-8 所示的窗口中单击"选项"按钮，在下拉菜单中选择"用户词典"命令，打开"用户词典"对话框，在"输入"处输入"Kaspersky Anti-Virus"，在"解释"处输入"卡巴斯基防病毒"。单击"添加"按钮，再单击"保存"按钮，最后单击"退出"按钮。

(2) 在图 7-9 所示的窗口中单击"主菜单"按钮，在下拉菜单中选择"设置"命令，打开"选项"对话框，在对话框中单击"查词词典"，其右边就会列出所有的查词词典，如果其中没有"用户词典"一项，则可以使用"添加"命令将其加入，并单击复选框处，使其为√。最后单击"确定"按钮。

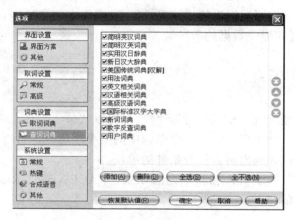

图 7-8　添加新词

# 7.4　回到工作场景

通过 7.2～7.3 节内容的学习，您应该掌握了语言翻译工具软件的使用方法，此时足以完成 7.1 节工作场景中的任务。具体实现过程如下。

【工作过程一】

查英文单词的方法很简单，只要在窗口上方的输入处输入相应的英文单词、词组或缩写，这时左窗格中就会有对应的索引显示，右窗格就会显示相应的词义。

如果要查该词的出处，可以再单击"查询"按钮，或直接按 Enter 键，左窗格就会显示向导。

例如想知道 DIY 表示什么意思，就可以按以上方法操作，其显示如图 7-9 所示。从左侧窗格中可以看出，该词出自简明英汉词典和新词词典。

当输入一个英文单词后，右侧窗格中将显示该单词的中文解释、音标，还有一个发音图标，单击该图标，能进行单词朗读。

图 7-9　金山词霸查英文单词

【工作过程二】

如果您对网站上的英文感到费解的时候，通过以下方法，金山快译可以很快地帮您解决这个难题。

屏幕翻译：也叫做快速简单翻译，在金山快译的主界面上单击"快译"图标按钮，软件即可自动进行屏幕翻译。这种翻译形式速度较快，但翻译的较为简单，仅提供用户参考使用。

翻译插件：金山快译在安装的过程中会自动在 IE 上安装网页翻译插件，如图 7-10 所示。

图 7-10　网页翻译插件

插件上包括四个翻译类按钮，分别是：快译、英中、日中、中英。

快译按钮：若要快速将英文网页翻译成简体中文，单击快译按钮，该按钮调用金山快译的快速翻译引擎，为用户进行最常用的英译中(简体中文)。

英中、日中、中英按钮：调用的是六种翻译引擎，它不仅能翻译简体中文，也能翻译繁体中文。用户可根据需要单击相应的按钮进行翻译。

其他按钮介绍如下。

还原按钮：取消译文状态。

设置按钮：设置译文的显示情况，可以对照显示，也可以只显示译文。

 ## 7.5　工作实训营

## 7.5.1　训练实例

### 1．训练内容

使用金山词霸练习翻译英文单词以及英文单词的模糊查找功能。

**2．训练目的**

熟练掌握金山词霸的查词功能。

**3．训练过程**

具体实现步骤如下。

(1) 查英文词只要在窗口上方的输入处输入相应的英文单词、词组或缩写，这时左侧窗格中就会有对应的索引显示，右侧窗格中就会显示相应的词义。

如果要查该词的出处，可以再单击"查询"按钮，或直接按 Enter 键，左侧窗格就会显示向导。

(2) 模糊查询使用通配符"*"和"?"。"*"号可以代替零到多个字母或汉字，"?"号仅代表一个字母或汉字。当用户忘记了一个单词中的某个字母时，可以用"?"来代替该字母进行查询，此时索引栏会列出所有符合条件的单词。

**4．技术要点**

掌握模糊查词对应的替代通配符，可以在模糊查找时使用。

## 7.5.2　工作实践常见问题解析

【问题 1】如何翻译英文文章？

【答】可以使用金山快译，单击金山快译的快速翻译按钮，可快速实现英译中。

【问题 2】如何在对网站上的英文感到费解的时候进行网页翻译？

【答】使用金山快译的插件，包括四个翻译按钮：快译、英中、日中、中英，进行网页翻译。

【问题 3】如何在书写英文的时候，智能地显示出与拼写相似的单词列表？

【答】可以使用金山快译的英文写作助理工具。

【问题 4】如何进行模糊查词？

【答】可以使用金山词霸通配符"*"和"?"。"*"号可以代替零到多个字母或汉字，"?"号仅代表一个字母或汉字。

【问题 5】如何翻译屏幕上任意位置的中/英文单词或词组？

【答】可以使用金山词霸在主菜单中选择"屏幕取词"命令进行屏幕取词。

## 小　结

本章主要介绍了一些常用的语言翻译工具软件：金山快译、金山词霸。通过本章的学习，读者必须熟练使用金山快译翻译网页、英文文章，灵活使用金山词霸查词、在网页中屏幕取词。

习 题

1．使用金山快译翻译英文文章及英文网页。
2．进行多语言的内码切换。
3．使用金山词霸查找中英文单词。
4．利用金山词霸添加词库中没有收录的中英文单词。

# 第8章

## 图像处理工具软件

**本章要点**

- 熟练使用 ACDSee 各项功能进行操作
- 可以通过截屏软件进行截图
- 熟练使用 Photofamily 制作电子相册
- 使用小作家专业 JPG 图片压缩工具压缩图片

**技能目标**

- 能够熟练处理图片
- 能够熟练制作个性化的电子相册

# 8.1 工作场景导入

## 【工作场景】

小张最近刚刚在网易开通博客写文章，他看到其他人的博客中图文并茂，而他自己的博客中仅仅是文字，他想用优美的文字加上合适的图片让人更加赏心悦目，将最近去云南游玩回来的心得和照片通过网络博客与网友分享，然后将拍摄的照片制作成电子相册与家人分享。

## 【引导问题】

(1) 如何截取心仪的图片用于自己的博客？
(2) 如何使用 Photofamily 制作个性化的电子相册？

# 8.2 图像浏览工具

随着多媒体技术的发展，计算机能处理的事情越来越多，而收集和浏览各种精美的图片也成了很多人的爱好。在计算机中浏览图片的工具很多，ACD Systems 公司推出的共享软件 ACDSee 就是一个专业的图像浏览软件，它的功能强大，几乎支持目前所有的图像文件格式，是目前最流行的图像浏览工具。

ACDSee 是世界上排名第一的数字图像处理软件，它能广泛地应用于图片的获取、管理、浏览和优化。它具有如下特点。

(1) 支持 JPG、BMP、GIF、CRW 和 ICO 等多种多媒体格式文件。
(2) 支持音频、视频文件播放，提供视频帧单独保存功能。
(3) 支持全屏、窗口、区域和菜单等多种截图模式。
(4) 拥有减少红眼、裁剪、锐化、彩色化等多种工具，方便增强图像效果。
(5) 具有相册功能，快速实现图像的组织与管理。
(6) 以缩略图方式显示图像文件。
(7) 安装了 USB 设备，可以直接从数码相机和扫描仪中获取图像。

## 8.2.1 使用 ACDSee 浏览图片

(1) 选择"开始"|"所有程序"|ACD System|"ACDSee 9 相片管理器"命令，或者双击桌面上的 ACDSee 9 相片管理器的快捷方式图标，启动 ACDSee 9 程序，显示如图 8-1 所示的界面。

(2) 在左侧窗格中的"文件夹"列表中选择包含图片的文件夹并单击，进入如图 8-2 所示的界面。

图 8-1 ACDSee 9 主界面

图 8-2 选择图片

(3) 如果要仔细浏览某张图片，在文件夹列表中双击该文件，就可以打开界面单独显示该图片，如图 8-3 所示。

图 8-3 浏览图片

ACDSee 界面常用的按钮及其作用如表 8-1 所示。

表 8-1　ACDSee 界面常用按钮

| 按　　钮 | 名　　称 | 作　　用 |
|---|---|---|
| | 选择工具 | 选取图片的工具 |
| | 向左旋转 | 将图片逆时针旋转 |
| | 向右旋转 | 将图片顺时针旋转 |
| | 放大 | 放大图片以进行查看 |
| | 缩小 | 缩小图片以进行查看 |
| | 打印 | 打印图片 |
| | 缩放 | 按比例缩放图片 |

如果用户要浏览该文件夹中的上一张或下一张图片，可以单击工具栏上的 ▣ 或 ▣ 按钮。

如果用户要返回文件夹的浏览界面，可双击图片，或者按 Enter 键，也可以单击图片浏览窗口中的 ▣ 按钮。

## 8.2.2　使用 ACDSee 转换图片格式

(1) 打开 ACDSee 图片浏览器，然后在左侧窗格的"文件夹"列表中选择要进行格式转换的图片所在的文件夹，在中间一栏内选择要转换格式的图片。

(2) 选择"工具"|"转换文件格式"命令，将弹出"批量转换文件格式"对话框，如图 8-4 所示。

图 8-4　"批量转换文件格式"对话框

(3) 切换到"格式"选项卡，选择要转换后的格式，单击"下一步"按钮。还可以通过"格式设置"按钮对所选格式进行设置，如图 8-5 所示。

(4) 进入如图 8-5 所示的"设置输出选项"界面，在其中设置转换后的文件的保存位置以及是否删除原文件等，再单击"下一步"按钮。

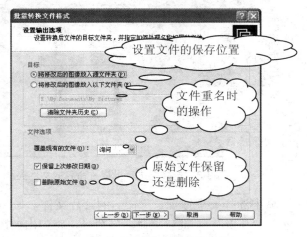

图 8-5　"设置输出选项"界面

(5) 进入如图 8-6 所示的"设置多页选项"界面，设置多页图像的输入与输出选项，然后单击"开始转换"按钮。

(6) 进入如图 8-7 所示的界面，转换完成后单击"完成"按钮，图片的格式转换成功。

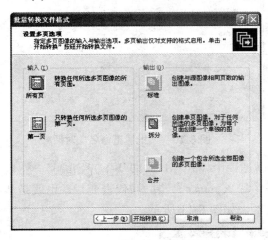

图 8-6　设置多页选项

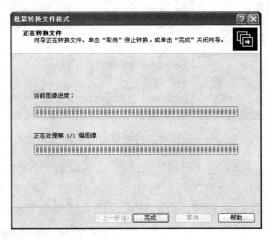

图 8-7　转换完成

## 8.2.3　使用 ACDSee 批量重命名图片文件

(1) 打开 ACDSee 图片浏览器，然后在左侧窗格的"文件夹"列表中选择要进行批量重命名的文件所在的文件夹的名称，如图 8-8 所示。

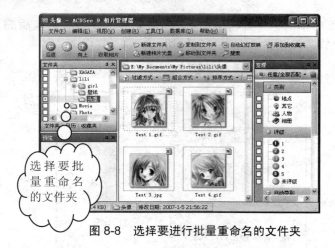

图 8-8　选择要进行批量重命名的文件夹

(2) 在图片显示区域中选择要进行批量重命名的图片文件，如图 8-9 所示。

(3) 在菜单栏中选择"工具"|"批量重命名"命令，将弹出如图 8-10 所示的"批量重命名"对话框。

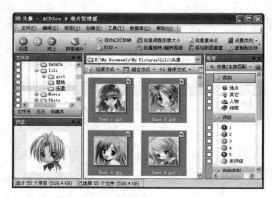

图 8-9　选择要进行批量重命名的图片文件

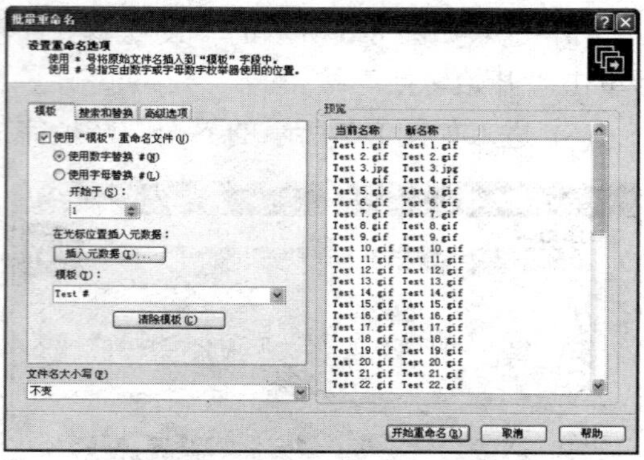

图 8-10　"批量重命名"对话框

(4) 在"批量重命名"对话框的"开始于"微调框中输入"1"，即从 1 开始编号，然后单击"清除模板"按钮，在"模板"下拉列表框中输入 mus ##，其中#代表变量，也就是从 1 开始的整数，此时就可以在对话框中看到效果了，如图 8-11 所示。

图 8-11　设置重命名选项

（5）单击"开始重命名"按钮，ACDSee 将对所有选中的图片文件进行批量重命名。

（6）弹出如图 8-12 所示的"正在重命名"对话框，单击"完成"按钮即可完成图片的批量重命名。

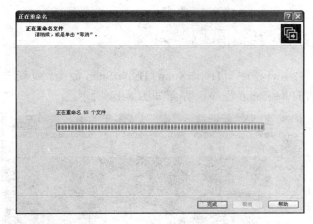

图 8-12　重命名完成

（7）返回 ACDSee 浏览器窗口，此时可以发现选中的图片文件的名称被修改了，如图 8-13 所示。

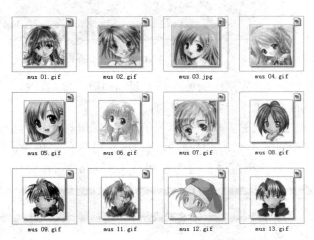

图 8-13　重命名后的文件名

 ## 8.3　屏幕抓图工具

HyperSnap 是一款适用于 Windows 操作系统的老牌经典的屏幕捕捉工具和图像编辑工具。

HyperSnap 的主要特点如下。

（1）能够截取 DirectX、Dfx Glide 游戏和视频、DVD 屏幕图片。

（2）提供多种截图方式，例如整屏截取、活动窗口截取等，通过单击或快捷键操作即可轻松进行。

(3) 通过软件提供的图像编辑处理功能，还可以实现剪裁、大小调整、旋转等操作。

(4) 为不间断的屏幕截取提供"快速保存"功能。

## 8.3.1 使用 HyperSnap 截取窗口

(1) 选择"开始"|"所有程序"| HyperSnap | HyperSnap 命令，或双击桌面上的 HyperSnap 快捷方式图标，启动 HyperSnap 程序，界面如图 8-14 所示。

图 8-14　HyperSnap 主界面

(2) 打开需要截取窗口的程序，例如打开"我的电脑"窗口，然后切换回 HyperSnap 程序，再选择菜单栏中的"捕捉"|"窗口或控件"命令。

(3) 屏幕将切换成要截取的窗口——"我的电脑"，鼠标指针所指的区域将被一个闪动的黑框包围，然后移动鼠标，当需要截取的窗口被黑框围住时单击，即可完成窗口截取操作，如图 8-15 所示。最后，电脑屏幕将切换回 HyperSnap 界面，如图 8-16 所示。

图 8-15　截图窗口

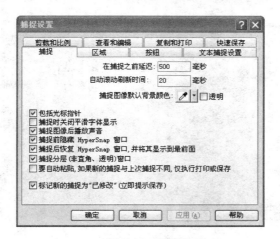

图 8-16　捕捉设置

(4) 单击工具栏上的"另存为"按钮 ，将弹出如图 8-17 所示的"另存为"对话框，然后对保存位置、文件名、保存类型、保存类型的子格式以及每像素的位数进行相关的设置，最后单击"保存"按钮即可。

图 8-17　"另存为"对话框

## 8.3.2　使用 HyperSnap 截取区域

(1) 启动 HyperSnap 程序。

(2) 打开需要进行区域截取的对象，然后切换回 HyperSnap 界面，选择菜单栏中的"捕捉"|"选定区域"命令。

(3) 在需要截取的对象上，单击要选择的区域的起点，然后单击区域的终点，如图 8-18 所示。

(4) 自动返回 HyperSnap 界面，截取的结果如图 8-19 所示。

图 8-18　选择截取区域

图 8-19　截取的结果

(5) 单击工具栏上的"另存为"按钮，将弹出如图 8-20 所示的"另存为"对话框，然后对保存位置、文件名、保存类型、保存类型的子格式以及每像素的位数进行相关的设置，最后单击"保存"按钮即可。

图 8-20　保存设置

 # 8.4　Photofamily 电子相册王

Photofamily 电子相册王是一款全新的图像处理及娱乐的软件，它不仅提供了常规的图像处理和管理功能，方便您收藏、整理、润色相片，更独具匠心地制作出了有声电子相册，使您寂寞的相片动起来，给家庭带来无限情趣。最新推出的新版 Photofamily 中更新增了众多独特的功能，诸如：将电子相册打成独立运行程序包、刻录成 CD，为相册和图像添加文字、声音说明，更加友好的用户界面，支持播放 MP3 和 WAV 等格式的背景音乐，全面拖放快捷操作等。完整版的 Photofamily 包含全部图片趣味合成模板。全新的 Photofamily 会令您的家庭图像娱乐更上一层楼。

## 8.4.1　使用 Photofamily 往相册里添加照片和音乐

(1) 安装完成之后启动 Photofamily 软件，启动后的界面如图 8-21 所示。

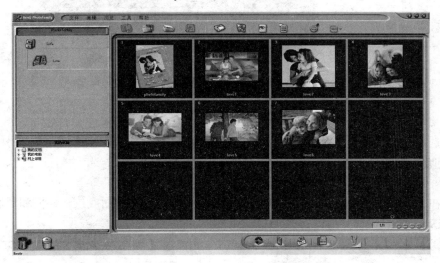

图 8-21　Photofamily 主界面

(2) 现在我们看到"相册向导"中什么都没有，需要我们把要制作成相册的照片添加进去。单击"相册向导"界面中的"文件"菜单，选择"导入图像"命令，弹出"打开"对话框，如图 8-22 所示。

图 8-22　"打开"对话框

(3) 选择要添加的照片之后，单击"打开"按钮，照片就加载到"相册向导"中，如图 8-23 所示。

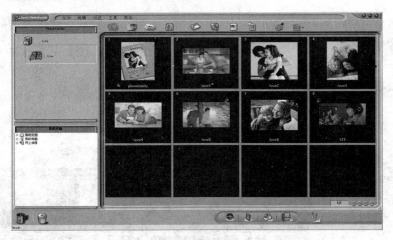

图 8-23　导入完成

(4) 选择一幅图片后，如果预览发现不是要添加的图片，可以选定该图片，然后单击鼠标右键删除这张图片。设置好之后，单击"Life"图标，进行下一步的封面设置，如图 8-24 所示。

(5) 在"相册属性"中，我们可以输入相册的名称、设置封面底纹、相框和封底底纹等，还可以添加注释，设置好后如图 8-25 所示。

图 8-24　封面属性

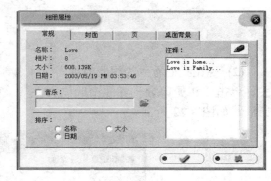

图 8-25　添加注释

(6) 完成设置后再单击 图标，进入如图 8-26 所示的界面。

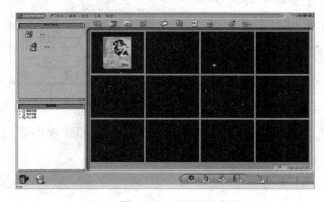

图 8-26　封面设置完毕

(7) 单击"相册属性"文本框中的 图标,弹出"打开"对话框,在这个对话框中可以选择播放的背景音乐,如图 8-27 所示。

图 8-27 设置背景音乐

(8) 选择歌曲后单击"打开"按钮,就把刚才选择的歌曲添加为相册的背景音乐了。

(9) 按同样的方法选择"相册属性"。在"页"选项卡中有很多选项,主要用于设置在相册的一面按照什么规则来排列图片,如图 8-28 所示。

图 8-28 设置图片排列

(10) 设置完成后单击 图标,结束"相册向导"的设置,返回主界面,如图 8-29 所示。

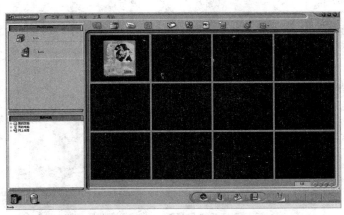

图 8-29 设置完成

(11) 双击相册图标，可以打开预览窗口。打开的预览窗口如图 8-30 所示。

图 8-30　预览窗口

## 8.4.2　对相册进行细调处理

(1) 在这里我们看到了一本跟实际相册差不多的电子相册，当鼠标移动到电子相册上后就变成一只手的形状，双击鼠标就可以翻页，翻开后电子相册呈双面显示，首先显示的是电子相册图片的目录，如图 8-31 所示。

图 8-31　电子相册目录

(2) 接下来显示的是设定的"1+1"图片布局，如图 8-32 所示。

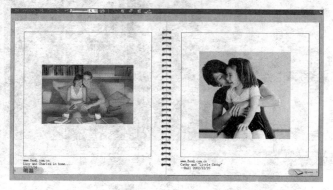

图 8-32　电子相册内容

(3) 预览后按 Esc 键退出预览窗口, 回到主界面, 在左边的主文件夹名字"Life"上单击鼠标, 出现子文件夹名字"Love"图标, 此时整个电子相册里面的图片都显示在右边的预览框里中, 如图 8-33 所示。

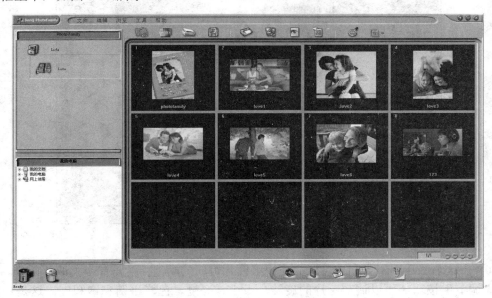

图 8-33 电子相册内容编辑框

(4) 在右边的缩略图里面可以看到电子相册里面的所有图片, 用鼠标右键单击要修改的图片, 在弹出的快捷菜单中选择"编辑"命令, 如图 8-34 所示。

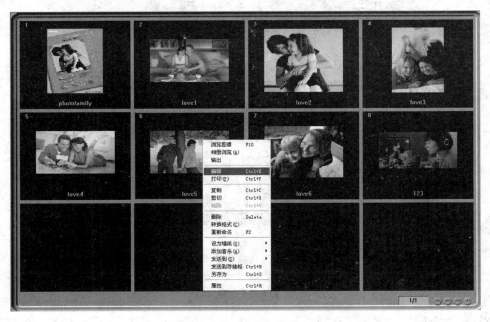

图 8-34 选择编辑图片

(5) 弹出编辑图片界面, 如图 8-35 所示。

图 8-35　编辑图片界面

(6) 在这个图片编辑界面中可以完成很多图片编辑的功能，主要有四大调节部分。通过图片"调节"按钮，可以调节图片的旋转、大小、亮度、色彩平衡和饱和度，这是最常用的功能，如图 8-36 所示。

图 8-36　图片调节

(7) 在"特效"设置里面可以设置焦距、马赛克和浮雕三个特效设置，如图 8-37 所示。

图 8-37　图片特效

(8) 在"变形"设置里面有倾斜、球形、挤压、漩涡和波纹五大变形设置，如图 8-38 所示。

图 8-38　图片变形

(9) 在"趣味合成"里面有毛边、像框、卡片、月历和信纸五大合成部分，这也是经常用的功能，如图 8-39 所示。

图 8-39　趣味合成

例如想给图片加上相框，就单击"趣味合成"里面的像框图标，在窗口左边出现相框的选项，如图 8-40 所示。

选择一个自己喜欢的相框，在相框图片上双击，就可以把这个相框添加到图片上，如图 8-41 所示。是不是很漂亮？

图 8-40　选择自己喜欢的相框

图 8-41　选择完成

按照同样的方法可以把图片做成月历形式，如图 8-42 所示。

图 8-42　月历形式

图 8-43 所示是把图片做成了卡片形式。

图 8-43　卡片形式

(10) 图片编辑好后，单击下面的保存图标![icon]，弹出"保存"对话框，如图 8-44 所示。

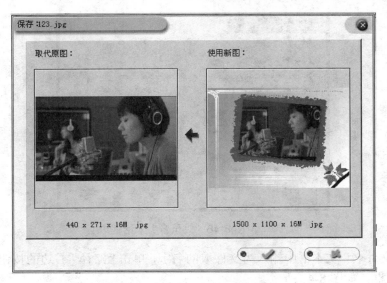

图 8-44　"保存"对话框

(11) 单击 ⬤✓ 按钮保存图片。如果想把这张图片打印出来，可以单击打印按钮 🖼。完成后就可以关闭 Photo Edit 窗口，返回主界面。

图片的编辑完成了，但是图片只是提供给我们单一的信息，要是给图片加上解说，在我们浏览到这个图片的时候让图片说话，告诉您这张图片是何年何月，在什么地方照的，这样您永远都不会忘记是什么时候、在哪里拍下这些美丽照片的。

(1) 用鼠标右键单击图片，在弹出的快捷菜单中选择"添加音乐"里面的"录制新文件"命令(如果你有以前录好的声音，也可选择"打开旧文件"命令)，如图 8-45 所示。

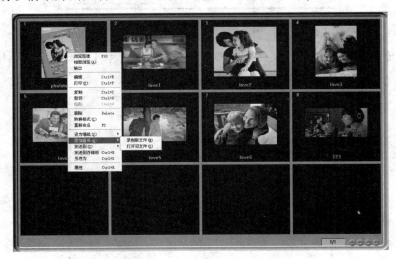

图 8-45　添加音乐

(2) 此时弹出"录音"对话框，如图 8-46 所示。

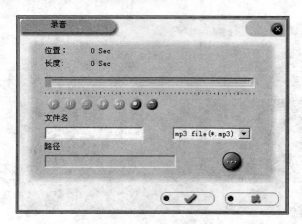

图 8-46 "录音"对话框

(3) 在"文件名"文本框中输入为文件取的名字，单击"路径"右边的按钮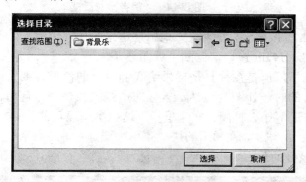，弹出"选择目录"对话框，如图 8-47 所示。

图 8-47 "选择目录"对话框

(4) 找到要保存声音的文件夹后再单击"选择"按钮，返回 "录音"对话框，如图 8-48 所示。

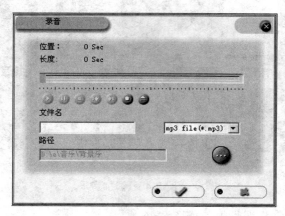

图 8-48 录音保存路径设置完毕

(5) 在文件名的下拉列表框里面选择 wav file，再单击录音按钮，就会录制声音并保存在选定的路径下，如图 8-49 所示。

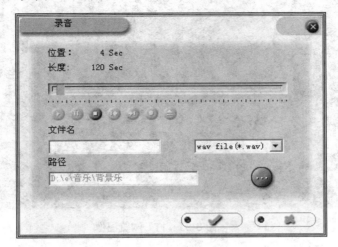

图 8-49　开始录音

(6) 录制完成后单击停止按钮██，再单击██████按钮，声音文件就被保存起来。用鼠标右键单击已经添加声音的图片，在弹出的快捷菜单中选择"浏览图像"命令，如图 8-50 所示。

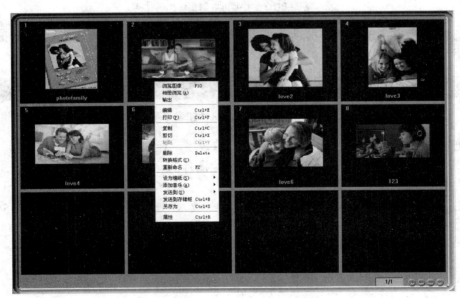

图 8-50　浏览图像

或者按 F10 键，也可以浏览这个图像，如图 8-51 所示。

图 8-51 打开浏览图像

(7) 把鼠标指针移动到最上面，出现图片控制按钮，默认的小喇叭按钮 是不发声状态，如图 8-52 所示。

图 8-52 小喇叭按钮不发声状态

要想听到背景音乐，就单击小喇叭，使其变成发声状态就可以听到背景音乐了，如图 8-53 所示。

图 8-53 小喇叭按钮发声状态

在浏览全部图片时，还可以设置特别的动态效果，让图片不再是简单地出现，再突然切换到下一幅图片。在 Photofamily 里面可以设定图片的动态效果，比如淡入淡出、从左推进或从右推进等特效。

(1) 在 Photofamily 主界面上，选择"文件"|"放映幻灯片设置"命令，如图 8-54 所示。

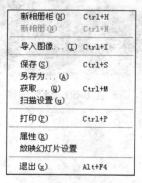

图 8-54 进入放映幻灯片设置

(2) 弹出"自动播放设置"对话框，如图 8-55 所示。

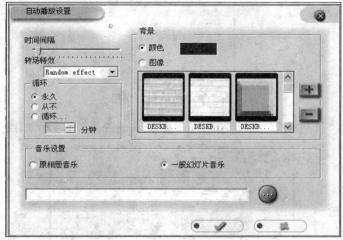

图 8-55 "自动播放设置"对话框

(3) 在"自动播放设置"对话框中可以设置两张图片之间的时间间隔、转场特效、音乐和背景等，如图 8-56 所示。

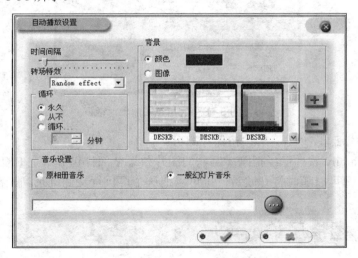

图 8-56 放映幻灯片设置完成

(4) 设置好后单击  按钮保存即可。

现在可以在自己的电脑上观看相册了，但是要让其他亲朋好友也能一起分享，那该怎么办呢？需要把我们刚才制作的相册打包，在没有 Photofamily 软件的电脑上也可以随意观看。

(1) 在 Photofamily 主界面菜单上选择"工具"|"打包相册"命令，或按 F9 快捷键，如图 8-57 所示。

图 8-57　进入打包相册

(2) 此时弹出"打包相册"对话框，在里面可以设置各种参数，如图 8-58 所示。

图 8-58　"打包相册"对话框

(3) 设置完成后单击 按钮保存即可。

现在 Photofamily 软件已经把刚才制作的图片效果全部打包成一个 EXE 可执行文件，在任何一台电脑上都可以随时打开欣赏，也可以把这个可执行文件刻录到光盘上长久保存。

 ## 8.5　图像压缩工具

随着数码相机的普及和发展，人们对相机的要求越来越高，而相机的成像照片像素也就越来越大，这样导致了照片文件 JPG 的体积也越来越大，给网络传输和网络共享带来了极大的不便，因此就出现了这一款小作家专业 JPG 图片压缩工具软件，这是一款专门用于压缩处理 JPG 格式照片文件的软件。

该软件操作简单方便，能够实现图片压缩的快速处理和效果图预览，能够设置压缩比率，同时支持多图片同时压缩加快处理速度，最重要的是压缩后的照片无明显失真现象。

小作家专业 JPG 图片压缩工具主界面如图 8-59 所示。

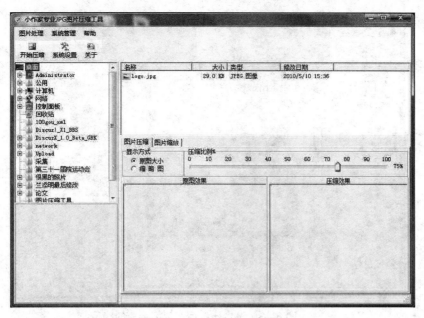

图 8-59　小作家专业 JPG 图片压缩工具主界面

　　从软件界面我们可以看到这个软件非常简单，因此使用起来也是很简单的，只要几步操作就可以达到压缩照片的目的了。

　　(1) 先在桌面上新建一个文件夹，用来存放将要压缩的照片，如图 8-60 所示。方法是：在桌面上单击鼠标右键，在弹出的快捷菜单中选择"新建文件夹"命令。

　　(2) 继续在软件上操作，先对软件进行"系统设定"，然后单击软件左上角的"系统设置"按钮，如图 8-61 所示。

图 8-60　新建文件夹

图 8-61　系统设置

　　(3) 弹出"输出目录"对话框，如图 8-62 所示。

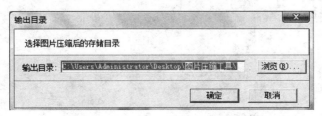

图 8-62　"输出目录"对话框

　　(4) 单击"浏览"按钮，在弹出的"浏览文件夹"对话框中选择刚才在桌面新建的那个文件夹(也就是选择你压缩后图片要存放的位置)，如图 8-63 所示。

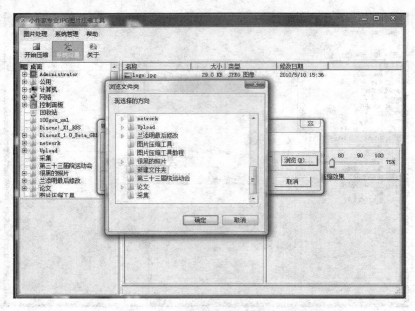

图 8-63　设置压缩后图片要存放的路径

(5) 单击"确定"按钮，即完成对软件输出图片的配置。

下面开始讲解如何压缩照片。从软件左侧的窗口可以看到桌面的文件列表，如图 8-64 所示，若要对"第三十三届院运动会"里的照片进行压缩，可单击"第三十三届院运动会"选项，即可在右侧窗口中看到所有的第三十三届院运动会的图片。

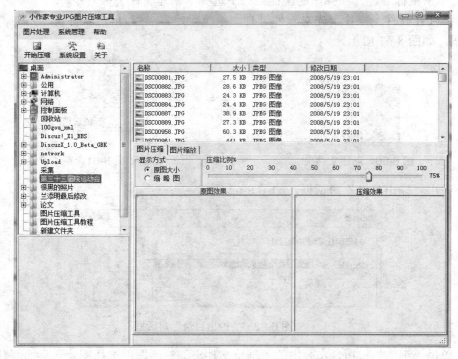

图 8-64　选择需要压缩的图片

从图 8-65 可以看到，对图片进行不同比例的压缩有以下两种方式。

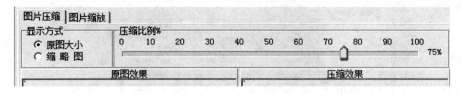

图 8-65　设置压缩比例

第一种是不改变图片的长和宽，而是改变图片的分辨率。默认值是 64%，大家可以不用更改。

第二种是改变图片的大小，就是长和宽。大家可以根据自己的需要选择要压缩成多大比例。

在右侧窗口中按住 Ctrl+A 组合键可以选择全部图片，如图 8-66 所示。

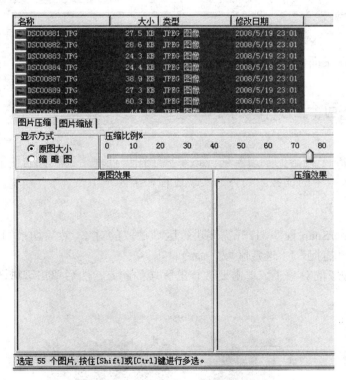

图 8-66　选中需要处理的图片

选择完后单击"开始压缩"按钮(见图 8-67)，开始对图片进行压缩，压缩完成如图 8-68所示。

图 8-67　开始压缩

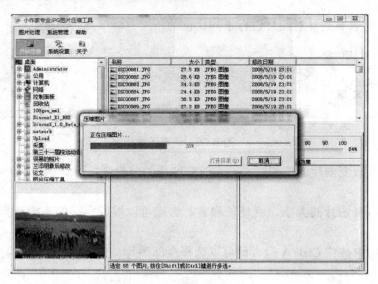

图 8-68　压缩完成

压缩完成后在桌面的"新建文件夹"里就得到压缩后的图片了。

##  8.6　回到工作场景

通过 8.2～8.5 节内容的学习，您应该掌握了图像处理工具软件的使用方法，此时足以完成 8.1 节工作场景中的任务。具体的实现过程如下。

【工作过程一】

(1) 启动 HyperSnap 程序。打开需要进行区域截取的对象，然后切换回 HyperSnap 界面，选择菜单栏上的"捕捉"|"选定区域"命令。

(2) 在需要截取的对象上，单击要选择的区域的起点，然后单击区域的终点，如图 8-69 所示。

图 8-69　选择截取区域

(3) 自动返回 HyperSnap 界面，截取的结果如图 8-70 所示。

图 8-70  截取的结果

(4) 单击工具栏上的"另存为"按钮 ，将弹出如图 8-71 所示的"另存为"对话框，
然后对保存位置、文件名、保存类型、保存类型的子格式以及每像素的位数进行相关的设
置，最后单击"保存"按钮即可。

图 8-71  保存设置

【工作过程二】

现在我们看到"相册向导"里面什么都没有，需要我们把要制作成相册的照片添加
进去。

(1) 单击"相册向导"界面中的"文件"菜单，选择"导入图像"命令，弹出"打开"
对话框，如图 8-72 所示。

图 8-72 "打开"对话框

(2) 选择要添加的照片之后，单击"打开"按钮，照片就加载到"相册向导"中，如图 8-73 所示。

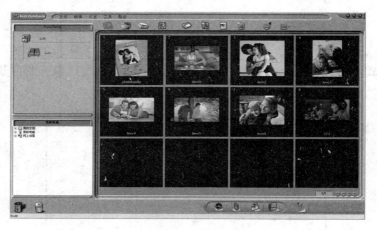

图 8-73 导入完成

(3) 选择一幅图片后，如果预览发现不是要添加的图片，可以选定图片，然后单击鼠标右键删除这张图片。设置好之后，单击"Life"图标，进行下一步的封面设置，如图 8-74 所示。

图 8-74 封面属性

(4) 在"相册属性"中，我们可以输入相册的名称、设置封面底纹、相框和封底底纹等，还可以添加注释，设置好后如图 8-75 所示。

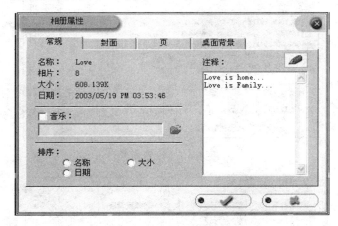

图 8-75　添加注释

(5) 完成设置后单击<span></span>按钮，进入页面设置，如图 8-76 所示。

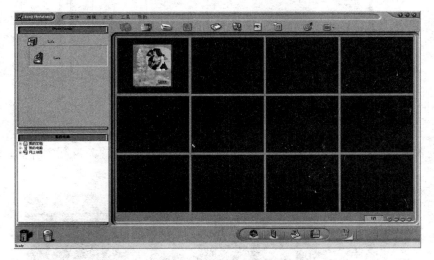

图 8-76　封面设置完毕

(6) 单击"相册属性"文本框中的图标，弹出"打开"对话框，在这个对话框中可以选择播放的背景音乐，如图 8-77 所示。

(7) 选择歌曲后单击"打开"按钮，就把刚才选择的歌曲添加为相册的背景音乐了。

(8) 按同样的方法选择"相册属性"。在"页"选项卡中有很多选项，主要是设置在相册的一面按照什么规则来排列图片，如图 8-78 所示。

图 8-77　设置背景音乐

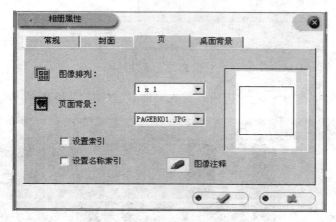

图 8-78　设置图像排列

（9）设置完成后单击 按钮，结束"相册向导"的设置，返回主界面，如图 8-79 所示。

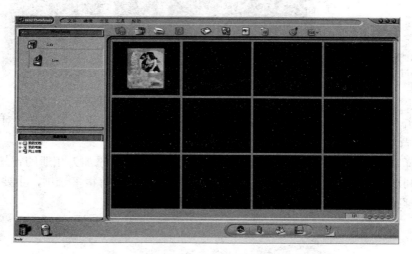

图 8-79　设置完成

（10）双击相册图标，可以打开预览窗口，如图 8-80 所示。

图 8-80 预览窗口

## 8.7 工作实训营

### 8.7.1 训练实例

**1. 训练内容**

使用 ACDSee 图片浏览器批量处理图片, 并转换图片格式。

**2. 训练目的**

掌握使用 ACDSee 图片浏览器批量处理图片的方法, 掌握转换图片的操作步骤。

**3. 训练过程**

具体实现步骤如下。

(1) 打开 ACDSee 图片浏览器, 然后在左侧窗格"文件夹"列表中选择要进行格式转换的图片所在的文件夹, 在中间一栏内选择要转换格式的图片。

(2) 选择"工具"|"转换文件格式"命令, 将弹出"批量转换文件格式"对话框, 如图 8-81 所示。

(3) 切换到"格式"选项卡, 选择要转换后的格式, 单击"下一步"按钮。

(4) 弹出如图 8-82 所示的"批量转换文件格式"对话框, 在其中设置转换后文件的保存位置以及是否删除原文件等, 再单击"下一步"按钮。

(5) 若要对转换后的格式进行设置, 单击"格式设置"按钮, 弹出"JPEG 选项"对话框, 如图 8-83 所示。

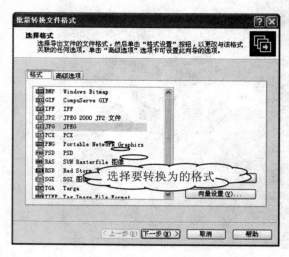

图 8-81　批量转换文件格式

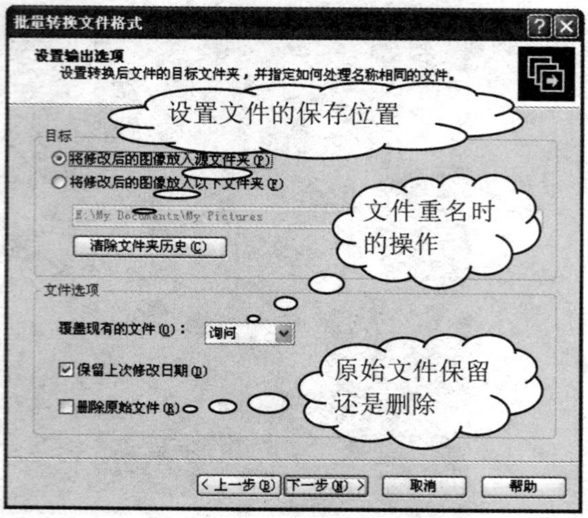

图 8-82　设置输出选项

(6) 进入如图 8-85 所示的"设置多页选项"界面，在对话框中设置多页图像的输入与输出选项，然后单击"开始转换"按钮。

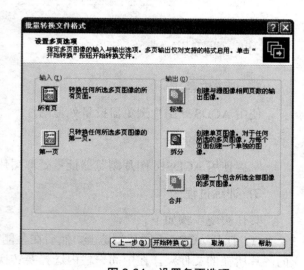

图 8-83　JPEG 选项

图 8-84　设置多页选项

(7) 弹出提示转换完成的对话框，然后单击"完成"按钮，如图 8-85 所示，图片的格式转换成功。

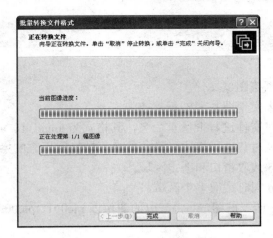

图 8-85　转换完成

#### 4．技术要点

批量转换图片格式时，可以选择转换后图片的文件类型和图片大小。其中文件类型可以通过选择"工具"|"转换文件格式"命令，弹出"批量转换文件格式"对话框进行选择，而图片大小可以通过切换到"格式"选项卡，选择要转换为的格式。

## 8.7.2　工作实践常见问题解析

【问题1】如何转换图片格式？

【答】可以使用 ACDSee。选择"工具"|"转换文件格式"命令转换图片格式。

【问题2】如何对文件进行批量重命名？

【答】可以打开 ACDSee 图片浏览器，在菜单栏上选择"工具"|"批量重命名"命令对文件进行批量重命名。

【问题3】如何进行屏幕捕捉？

【答】可以在 HyperSnap 界面，选择菜单栏上的"捕捉"|"选定区域"命令截取指定区域。

【问题4】如何更独具匠心地制作出有声电子相册？

【答】可以使用 Photofamily 进行相册制作和相片处理，同时可以添加背景音乐和对相片的布局进行调整。

## 小　结

本章主要介绍了一些常用的图像处理工具软件：图像浏览工具、屏幕抓图工具、电子相册王和图像压缩工具等。通过本章的学习，读者必须熟练使用 ACDSee 浏览图片，转换图片格式，批量重命名图片文件，能够灵活运用 HyperSnap 进行屏幕截图，并能够制作电子相册和处理压缩图像等一些常见的问题。

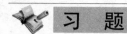

## 习 题

1. 使用 ACDSee 浏览图像文件。

2. 利用 ACDSee 来实现图片的幻灯片放映。

3. 利用 ACDSee 对文件进行批量重命名，其格式为 angel_1、angel_2、angel_3…

4. 选择一个图片，对其进行格式转换，然后再转换回原来的格式。

5. 使用 HyperSnap 截取窗口和选定区域。

6. 使用 HyperSnap 同时截取多个区域。

7. 使用 HyperSnap 连续截图，并将截取的图像以 pic001、pic002、pic003、pic004 命名。

# 第 9 章

## 娱乐视听工具软件

 本章要点

- 使用流媒体播放工具观看网上的视频
- 使用 MP3 播放工具播放音乐
- 通过网络电视观看最新最热门的影片

技能目标

- 能够熟练使用 MP3 播放工具播放音乐
- 能够熟练通过网络电视观看最新最热门的影片

## 9.1　工作场景导入

**【工作场景】**

　　小王是个美剧迷，对于最新更新的美剧希望能在第一时间通过网络媒体收看，对于美剧里面的音乐也都想下载下来慢慢欣赏。对于这样的美剧迷怎样才能通过计算机以及网络更好地收看美剧呢？

**【引导问题】**

（1）如何使用 MP3 播放工具播放音乐？

（2）如何使用网络电视观看最新最热门的影片？

## 9.2　流媒体播放工具

　　Windows Media Player 是微软公司在 Windows 操作系统中集成的多媒体播放器，它以其强大的功能和实用性受到了广大用户的喜爱。

　　Windows Media Player 的功能如下。

　　（1）可以播放各种文件类型，包括 Windows Media、ASF、MPEG-1、MPEG-2、AVI、VOD、AU、MP3 和 WAV 等。

　　（2）可以轻松管理计算机上的数字音乐库、数字照片库和数字视频库。

　　（3）可以将视频等同步到各种便携设备上，方便用户随时欣赏。

　　（4）支持网络播放，遨游网络影音世界。

### 9.2.1　播放视频文件

　　（1）选择"开始"|"所有程序"| Windows Media Player 命令，即可启动 Windows Media Player，界面如图 9-1 所示。

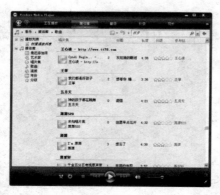

**图 9-1**　Windows Media Player 主界面

(2) 右击左上角的 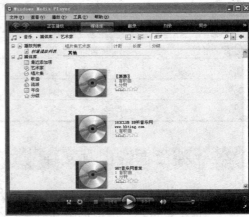 按钮，在弹出的快捷菜单中选择"文件"|"打开"命令，弹出如图 9-2 所示的"打开"对话框，然后选择用户要播放的视频文件，再单击"打开"按钮，如图 9-3 所示。

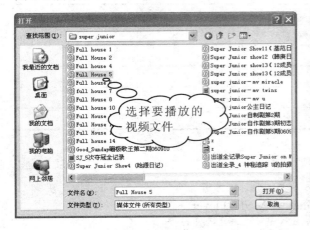

图 9-2  选择要播放的视频文件

图 9-3  打开播放文件

(3) Windows Media Player 开始播放选中的视频文件，其界面如图 9-4 所示。用户可以在播放过程中对视频进行控制，例如调整视频屏幕大小、拖动剪辑位置或者调节音量大小等。

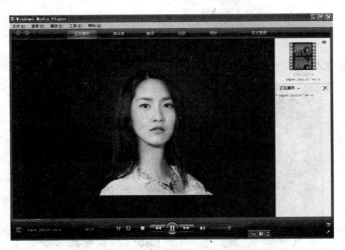

图 9-4  在播放过程中对视频进行控制

Windows Media Player 主界面的控制按钮及其作用如表 9-1 所示。

表 9-1  Windows Media Player 主界面的控制按钮

| 按 钮 | 作 用 |
| --- | --- |
|  | 打开无序播放 |
|  | 关闭重复 |
|  | 停止 |

续表

| 按　钮 | 作　用 |
|---|---|
| 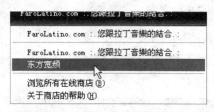 | 按住可后退 |
| | 暂停 |
| | 按住可快进 |
| | 静音/有声音 |
| | 全屏视图 |
| | 切换到最小模式 |
| | 播放 |

## 9.2.2　播放在线视频文件

(1) 将计算机连接到 Internet，启动 Windows Media Player。

(2) 单击菜单栏，弹出如图 9-5 所示的子菜单，选择"东方宽频"命令。

FaroLatino.com ::.您跟拉丁音樂的結合:

FaroLatino.com ::.您跟拉丁音樂的結合:

FaroLatino.com ::.您跟拉丁音樂的結合:
东方宽频

浏览所有在线商店(B)
关于商店的帮助(H)

图 9-5　选择"东方宽频"命令

(3) 出现如图 9-6 所示的东方宽频首页。

图 9-6　东方宽频首页

(4) 浏览网页，选择要收看的节目并单击，如图 9-7 所示，则开始导入节目。

图 9-7　选择要收看的节目

(5) 节目导入完毕后，开始播放用户选择的视频，如图 9-8 所示。

图 9-8　对播放进行控制

 ## 9.3　完美视听工具

　　作为对 Windows Media Player 的补充和完善，暴风影音是目前网络上最流行、使用人数最多的一款媒体播放器，几乎没有暴风影音不能播放的文件，而且暴风影音软件的操作简单、播放流畅、占用系统资源少。

　　暴风影音具有以下功能。

　　(1) 支持格式多，集合了主流解码器，兼容流行音、视频格式及字幕支持。

　　(2) 启动速度快，标准简洁的界面使操作更方便，占用系统资源更少。

　　(3) 播放更流畅，针对解码器的专门优化，产生了更清晰、流畅的播放效果。

　　(4) 专业级设置，丰富的专业化选项设置，可满足发烧级用户各种设置的需求。

　　(5) 重新规划、调整了安装程序和设置程序的结构，使之更加合理和简洁，同时可以修正使用中发现的几个小问题。

　　下面介绍使用暴风影音播放视频的具体操作步骤。

(1) 选择"开始"|"所有程序"|"暴风影音"|"暴风影音"命令，或双击桌面上的"暴风影音"快捷方式图标，启动暴风影音程序 Media Player Classic，如图 9-9 所示。

(2) 选择"文件"|"打开文件"命令，弹出"打开"对话框，如图 9-10 所示。

图 9-9　暴风影音主界面

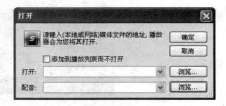

图 9-10　"打开"对话框

(3) 单击"浏览"按钮，打开如图 9-11 所示的选择文件对话框，选择需要播放的视频文件，单击"打开"按钮。

图 9-11　选择需要播放的视频文件

(4) 返回上一对话框，然后单击"确定"按钮，就可以播放所选择的视频文件了，如图 9-12 所示。

图 9-12　播放所选择的视频文件

暴风影音主界面常用控制按钮及其作用如表 9-2 所示。

表 9-2　暴风影音主界面常用控制按钮

| 按　钮 | 作　用 |
|:---:|:---|
| ▶ | 播放 |
| ⏸ | 暂停 |
| ⏹ | 停止 |
| ⏮ | 上一个 |
| ◀◀ | 减速播放 |
| ▶▶ | 加速播放 |
| ⏭ | 下一个 |
| ⏯ | 步进 |
| ⏱ | 剪辑位置 |
| 🔇 | 静音 |

## 9.4　千千静听播放工具

千千静听是一款完全免费的音乐播放软件，拥有自主研发的全新音频引擎，集播放、音效、转换、歌词等众多功能于一身。其小巧精致、操作简捷、功能强大，深得用户喜爱，是目前国内备受喜爱和推崇的音乐播放软件。

千千静听具有以下功能及特点。

(1) 几乎支持所有常见的音频格式。

(2) 可以通过简单便捷的操作，在所有音频格式间进行轻松转换。

(3) 支持高级采样频率转换和多种比特输出方式，并具有强大的回放增益功能，还可兼容并同时激活多个 Winamp 的音效插件。

(4) 支持所有常见的标签格式，支持批量修改标签和以标签重命名的文件，轻松管理播放列表。

(5) 拥有备受用户喜爱和推崇的强大而完善的同步歌词功能。

(6) 设计人性化。

(7) 真正永久免费且无须注册，不存在任何功能或时间限制。

使用千千静听播放音乐的方法如下。

(1) 选择"开始"|"所有程序"|"千千静听"命令，或直接双击桌面上的"千千静听"快捷方式图标，启动如图 9-13 所示的千千静听主界面。

(2) 单击播放列表中的图标，然后在弹出的下拉菜单中选择"文件"命令，弹出"打开"对话框，如图 9-14 所示。可以任意选择一个音频文件，然后单击"打开"按钮。此外，单击按钮，同样可以弹出如图 9-14 所示的对话框。

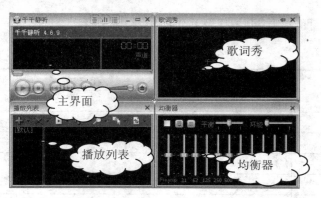

图 9-13　千千静听主界面

图 9-14　"打开"对话框

(3) 返回千千静听主界面，播放列表中出现所选的音频文件名称，此时可右击"歌词秀"面板，然后在弹出的快捷菜单中选择"在线搜索"命令，打开"在线搜索并下载歌词"对话框，如图 9-15 所示。

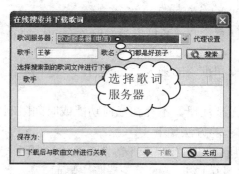

图 9-15　选择歌词服务器进行下载

(4) 单击"搜索"按钮，搜索结果如图 9-16 所示，然后在"选择歌词文件进行下载"列表框中选择要下载的歌词文件，再单击"下载"按钮，这样，以后播放歌曲时就会出现配套的歌词。

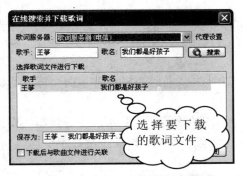

图 9-16 选择要下载的歌词文件

千千静听主界面常用控制按钮及其作用如表 9-3 所示。

表 9-3 千千静听主界面常用控制按钮

| 按 钮 | 作 用 |
| --- | --- |
| | 暂停 |
| | 播放 |
| | 停止 |
| | 上一首 |
| | 下一首 |
| | 音量开关 |
| | 播放文件 |
| | 歌词秀 |
| | 均衡器 |
| | 播放列表 |
| | 主菜单 |
| | 最小化 |
| | 迷你模式 |
| | 退出 |

## 9.5 网络电视

PPS 网络电视是全球第一家集 P2P 直播点播于一身的网络电视软件。PPS 网络视频能够在线收看电影、电视剧、体育直播、游戏竞技、动漫、综艺、新闻、财经资讯……且播放流畅、完全免费。

PPS 具有以下特点。

(1) PPS 操作简单，界面简洁明了。

(2) 具有灵活点播的功能，随点随看，时间自由掌握。

(3) PPS 网络电视完全免费，下载即可看。

(4) PPS 拥有全球最先进的 P2P 传输技术，用户同样运营视频点播网站，所用带宽只需要是普通带宽的 1/100！

(5) 支持多种文件格式，全面支持视频、音乐、动画。

(6) PPS 播放流畅，看的人越多越流畅。

(7) 具有丰富的节目内容，可以完全满足点播需要。

(8) PPS 的蜘蛛网状 P2P 结构，可使点播服务辐射全球，不必为网通电信等 ISP 不通而犯愁。

(9) 为不同的用户实行不同的连接策略，可以更好地节约资源。

(10) PPS 采用最优秀的缓存技术，可以保护硬盘不受伤害。

## 9.5.1 PPS 安装与卸载

软件下载到本地硬盘后可以直接单击，选择接受协议，如图 9-17 和图 9-18 所示。弹出选择路径的对话框，单击"下一步"按钮，弹出"选择文件关联"对话框，如图 9-19 所示，单击"下一步"按钮，如图 9-20 所示，选中"安装 Google 工具栏"，然后单击"下一步"按钮，如图 9-22 所示，安装完成。安装完成后就可以使用，如果感觉不好用，也可以卸载。卸载有多种方式，如果装有"360 安全卫士"或"金山卫士"，则可以通过"软件管家"来卸载；如果没有，那么就通过"控制面板"中的"添加或删除程序"功能来删除。

图 9-17　PPS 影音安装向导

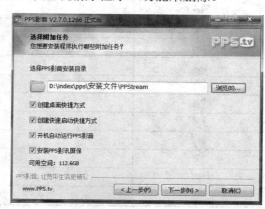

图 9-18　选择安装路径

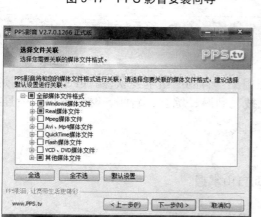

图 9-19　选择需要关联的文件类型

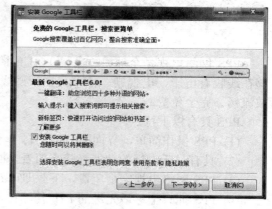

图 9-20　Google 工具栏不建议安装

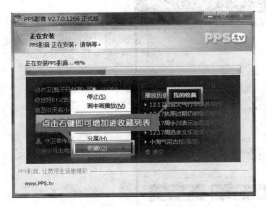

图 9-21　继续安装

图 9-22　安装完成

## 9.5.2　PPS 的使用

软件安装成功后在网络连接状态下就可以正常使用了，通过选择界面左侧的分栏，选择需要播放的视频或电视节目。界面下方为视频播放控制按钮，可控制播放开始、暂停及播放速度，如图 9-23 所示。

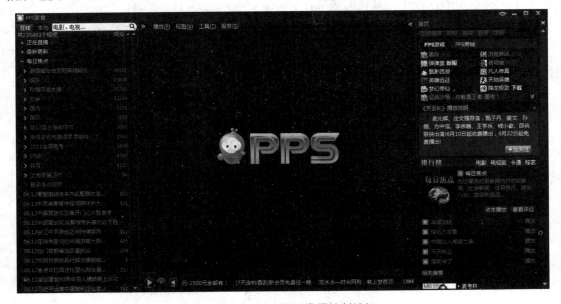

图 9-23　PPS 主界面常用控制按钮

使用时可以设置一些快捷键，以方便使用过程中对 PPS 的控制。自定义快捷键如图 9-24 所示。

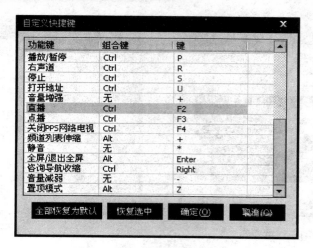

| 功能键 | 组合键 | 键 | |
|---|---|---|---|
| 播放/暂停 | Ctrl | P | |
| 右声道 | Ctrl | R | |
| 停止 | Ctrl | S | |
| 打开地址 | Ctrl | U | |
| 音量增强 | 无 | + | |
| 直播 | Ctrl | F2 | |
| 点播 | Ctrl | F3 | |
| 关闭PPS网络电视 | Ctrl | F4 | |
| 频道列表伸缩 | Alt | + | |
| 静音 | 无 | * | |
| 全屏/退出全屏 | Alt | Enter | |
| 咨询导航收缩 | Ctrl | Right | |
| 音量减弱 | 无 | - | |
| 置顶模式 | Alt | Z | |

图 9-24　自定义快捷键

 ## 9.6　回到工作场景

通过 9.2～9.5 节内容的学习，应该掌握了娱乐视听工具软件的使用方法，并足以完成 9.1 节工作场景中的任务了。具体的实现过程如下。

【工作过程一】

选择"开始"|"所有程序"|"千千静听"命令，或直接双击桌面上的"千千静听"快捷方式图标，都可启动如图 9-25 所示的千千静听的操作界面。

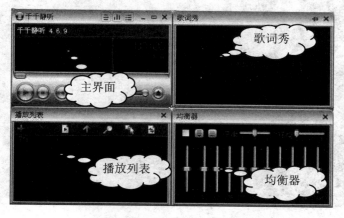

图 9-25　千千静听主界面

单击播放列表中的图标，然后在弹出的下拉菜单中选择"文件"命令，将弹出"打开"对话框，如图 9-26 所示。可以任意选择一个音频文件，然后单击"打开"按钮，此外，可以单击按钮，同样可以弹出如图 9-26 所示的对话框。

图 9-26　选择要播放的音频文件

## 【工作过程二】

软件安装成功后在网络连接状态下就可以正常使用了，通过选择界面左侧的分栏，选择需要播放的视频或电视节目。界面下方为视频播放控制按钮，可控制播放开始、暂停及播放速度，如图 9-27 所示。

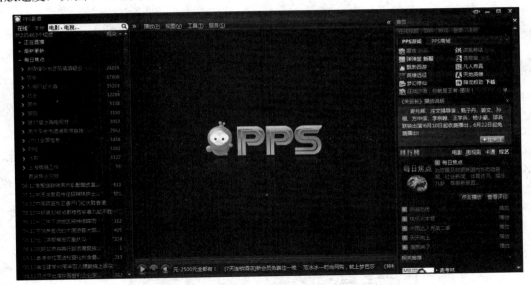

图 9-27　视频播放控制

## 9.7　工作实训营

## 9.7.1　训练实例

### 1. 训练内容

通过使用千千静听 TTPlayer 4.6.9 简体中文版来转换音频文件格式，完成 MP3 文件和

WAV 文件的相互转换。

**2. 训练目的**

掌握使用千千静听 TTPlayer 4.6.9 批量转换的方法，掌握转换音乐文件的操作步骤。

**3. 训练过程**

具体实现步骤如下。

音频文件的格式很多，包括 MP3、MP2、MOD、S3M、MTM、ULT、XM、IT、669、CD-Audio、Line-In、WAV、VOC、AVI、OGG、WMV、MPG 等。通过千千静听，可以将一种音频格式转换成另一种音频格式。例如，如果计算机现有的 MP3 播放器不支持某音频文件的格式，就可以通过千千静听转换，转换步骤如下。

(1) 打开千千静听主界面，将音频文件添加到播放列表中，然后右击播放列表中的文件，在弹出的快捷菜单中选择"转换格式"命令，如图 9-28 所示。

**图 9-28 转换格式**

(2) 在弹出的"转换格式"对话框的"输出格式"下拉列表框中选择"MP3 编码器(lame v3.90.3) v1.02"选项，如图 9-29 所示。然后选择目标文件夹，再单击"立即转换"按钮。

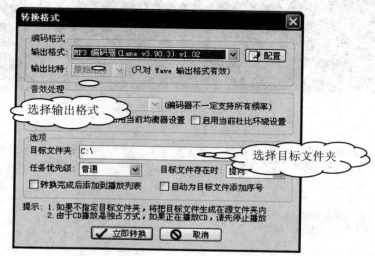

**图 9-29 进行设置**

(3) 在弹出的"正在转换格式"对话框中，单击"暂停转换"或"终止转换"按钮来暂停或终止转换音频文件，如图 9-30 所示。

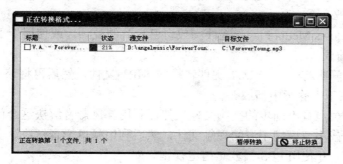

图 9-30 转换完成

### 4．技术要点

批量转换音乐文件时，可以选择多个文件一次性转化，无须操作多次。其中转换文件的文件类型有多种格式可供选择，如 MP3、MP2、MOD、S3M、MTM、ULT、XM、IT、669、CD-Audio、Line-In、WAV、VOC、AVI、OGG、WMV、MPG 等。

## 9.7.2 工作实践常见问题解析

【问题 1】如何播放视频文件？

【答】选择"开始"|"所有程序"|Windows Media Player 命令，即可启动 Windows Media Player，将所需播放的视频文件拖拉至 Windows Media Player 主界面内即可播放。

【问题 2】哪些软件可以播放在线视频文件？

【答】可以使用 Windows Media Player、暴风影音或 PPS 观看在线视频。

【问题 3】如何播放音频文件？

【答】可以安装千千静听播放音频文件，通过"添加"按钮选择文件所在文件夹，即可将音乐文件导入播放列表中进行播放。

【问题 4】如何使用 PPS 播放在线视频文件？

【答】PPS 安装成功后在网络连接状态下通过在界面左侧的分栏，选择需要播放的视频或电视节目。

 小 结

本章主要介绍了一些常用的娱乐视听工具软件：流媒体播放工具、完美视听工具、MP3 播放工具、网络电视等。通过本章的学习，应能熟练使用 Windows Media Player 和暴风影音播放本地视频文件和在线视频文件，学会使用千千静听播放音乐文件，以及能够运用 PPS 观看网络电视，并要了解一些视听工具软件的设置和安装，解决播放视频音频文件过程中遇到的一些常见问题。

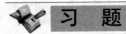 习 题

1．利用 Windows Media Player 在线播放自己喜欢的视频，或使用千千静听下载自己喜爱的歌曲，然后播放。

2．利用千千静听将一个 WMA 文件转换成 MP3 文件，然后再将该 MP3 文件转换为 WMA 文件，并在千千静听中播放。

3．在网上下载声音不同步的视频文件，然后利用暴风影音解决这个问题。

4．在网上下载声音模糊不清的视频文件，然后利用暴风影音解决这个问题。

5．安装 PPS，并使用 PPS 播放热门电视剧。

# 第 10 章

## 数字音频处理工具软件

 本章要点

- 熟练使用数字音频编辑工具编辑一段音频
- 熟练使用数字音频格式转换工具转换音频格式
- 熟练使用音频抓取工具抓取一段音频

技能目标

- 能够熟练使用数字音频格式转换工具转换音频格式
- 能够熟练使用音频工具抓取音频

## 10.1 工作场景导入

**【工作场景】**

手机已经达到人手一部的状态了，可是手机来电铃声却是千篇一律，小新是个追赶潮流的时尚达人，想要把最新最时尚的音乐放在手机里面作为手机来电铃声，这就需要学会抓取 CD 上的音轨以及转化音频文件的格式。现在小新想用孙燕姿 CD 中的《第一天》作铃声，应该如何实现呢？

**【引导问题】**

(1) 如何使用数字音频转换工具转换音频格式？
(2) 如何使用音频工具编辑抓取音频？

## 10.2 数字音频编辑工具

Sound Forge 是著名的 Sonic Foundry 公司的拳头产品，软件名称就是"声音熔炉"的意思，也就是说，把声音放入这个软件里，你就能把它锻造成你想要的任何形状。从某种意义上来说，的确如此。Sound Forge 就是一个很全面的音频编辑软件，使用非常广泛，从音乐制作到游戏音效的编辑，都有它的身影。

那么，Sound Forge 究竟在音频处理中能做哪些事情呢？一句话就可以概括：它几乎可以做任何事情，主要有以下几方面。

(1) 声音的任意剪辑。

(2) 直接绘制声波，或对声波进行直接修改。

(3) 声音振幅的放大缩小(包括淡入淡出，包洛线等)；声像(就是俗称的左右平衡)的改变；左右声道相位差的任意改变。

(4) 频率均衡(Eq)处理。

(5) 混响/回声/延迟处理(Reverb/Echo/Delay)。

(6) 和唱(Chorus)处理。

(7) 动态(包括压缩、限制、门)处理。

(8) 失真(Distortion)处理。

(9) 降低噪音处理。

(10) 升降调，时间拉伸处理。

(11) 声音文件格式转换(几乎所有已存在的各种格式、各种采样率和采样精度都可以转换)。

(12) 支持基于 DirectX 标准的效果插件(相当于图形处理领域中的"滤镜")。

(13) 还有一点大家想象不到的，它可以读影像文件，虽然它不能编辑影像，但在为影像配音方面，它可比许多影像编辑软件厉害，毕竟它是专攻音频的。

(14) 用 FM(频率调变)的方法自动生成声音，可以用来制作 FM 音色。

(15) 刻录 CD 唱片(需要安装附加软件)。

## 10.2.1  Sound Forge 界面介绍

首先来认识一下 Sound Forge 的界面，如图 10-1 所示。

图 10-1  Sound Forge 主界面

Sound Forge 主界面从整体上来看跟其他软件没什么不同，上面同样有许多工具条，看到这么多工具条，您就知道功能有多少了；下方是编辑区，目前编辑区中显示着一条声音的波形。那些工具条是可以定制的，您可以取消其中的一部分。

编辑区中，您可以看到这个声音的波形，这是在传统的音响器材中看不到的一项功能。也可以任意地将波形放大，让您看得更清楚。如图 10-2 所示就是放大到一定倍数后的波形。

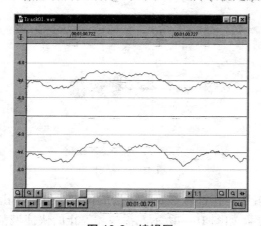

图 10-2  编辑区

那么怎样将波形放大缩小呢？编辑区右下角有一个放大镜工具，通过这个工具我们可以轻易地将波形横向放大或缩小，以适应相应的操作，如图 10-3 所示。

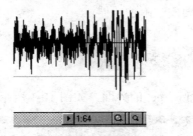

图 10-3　右下角的一组放大镜工具

通过下方的滑块，我们可以用视窗显示不同的波段，如图 10-4 所示。这部分内容和 Windows Media 的使用方法一样。

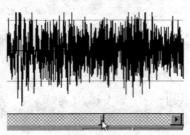

图 10-4　视窗显示不同的波段

您还要了解一个"指针"的概念，它相当于 CD 唱机的激光头、录音机的磁头。在 Sound Forge 中，它就是一条竖线，如图 10-5 所示，这就好比文本编辑里的光标一样。

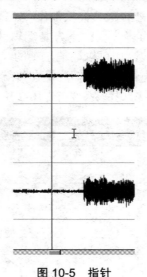

图 10-5　指针

在波形中任意单击鼠标，指针就移到了鼠标的位置。然后单击工具条中的▶键，就可以从当前位置开始播放了，如图 10-6 所示。播放和停止的快捷键都是空格键。

图 10-6　播放控制按钮

编辑窗中的声波是立体声的，所以有两条声波，上面是左声道，下面是右声道。如果是单声道，那么只会有一条波。

## 10.2.2　使用 Sound Forge 剪辑音频

在音频软件中，不管进行什么操作，都要首先选择需要处理的区域，如果不做选择，Sound Forge 就认为你要对整个 wave 文件进行操作。选择区域的方法很简单，按住鼠标不放，拖出一块黑色的区域就行了，如图 10-7 所示。

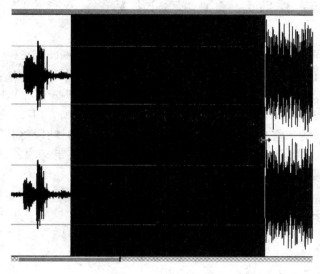

图 10-7　选择区域

选好要操作的区域，然后直接按键盘上的 Delete 键，就可以将它删除，这时后面的波形会补上来。如果想删除以后的区域变成空白，后面的波形保持不动，那么应该用菜单 Process 中的 Mute(静音)命令。

复制波形，也就是将一段声音复制到文件中的另一个地方，或者复制到另一个文件里去，也是先选中区域，然后使用键盘上的快捷键 Ctrl+C，接下来将指针移到需要粘贴的地方，按下快捷键 Ctrl+V 就可以了。

将一段波形移动到另一处，也是先选中区域，然后单击鼠标右键，在弹出的快捷菜单中选择 Cut 命令，或者使用快捷键 Ctrl+X，然后将指针移到目的地，按下快捷键 Ctrl+V 就完成了。

如果要在声波的任意地方插入一段空白，请用 Process 目录下的 Insert Silence 命令，然后填入需要插入多少时间的空白就可以了，如图 10-8 所示。

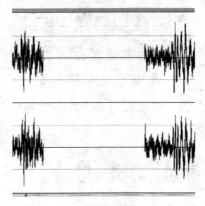

图 10-8　使用 Mute 处理后的波形

 ## 10.3　数字音频格式转换工具

　　CDex 支持目前所有流行的媒体文件格式(MP3/MP2/OGG/APE/WAV/WMA/AVI/RM/RMVB/ASF/MPEG/DAT)，并能批量转换。更为强大的是，该软件能从视频文件中分离出音频流，转换成完整的音频文件。典型的应用如 WAV 转 MP3、WAV 转 WMA、WAV 转 AAC、WAV 转 AC3、MP3 转 WAV、MP3 转 WMA、MP3 转 AAC、MP3 转 AC3、其他格式转AMR、CD 转 WAV 等。您也可以从整个媒体中截取出部分时间段将其转成一个音频文件，或者将几个不同格式的媒体转换并连接成一个音频文件。自定义的各种质量参数，可以满足您各种不同的需要。

　　有了 CDex，您就能玩转所有的音频数码格式，操作简单方便。

　　(1) 在各种声音格式之间按不同的设置进行相互转换。

　　(2) 支持将其他的音频格式转换为手机上播放的 AMR。

　　(3) 支持同一种音频格式在不同压缩率下的转换。

　　(4) 支持批量音频文件转换。

　　(5) 支持 CD 抓轨功能，能将 CD 光盘上的音乐转换为 WAV。

　　(6) 内置播放器支持流行的音乐格式播放。

　　(7) 用户界面友好，非常易于使用。

　　下面介绍使用 CDex 转换音频格式的方法。

　　正在使用的软件不支持 WMA，那我们需要将它变成 WAV 或 MP3；觉得 MP3 的比特率太高，体积太大，那就需要把它编码成低比特率的 MP3。这就是音频格式间的相互转换。在使用电脑的过程中，经常需要在各种格式间进行转化，CDex 集成了多种音频编码器，因而可以非常方便地完成各种格式的转化。下面以将大量 WMA 文件同时转化为 MP3 为例进行介绍。

(1) 设置转化后的音频格式。

按 F4 键，打开如图 10-9 所示的对话框，设置编码器为 Lame MP3 Encoder，并设置合适的比特率，再在"文件名"选项卡中设置保存文件的路径。

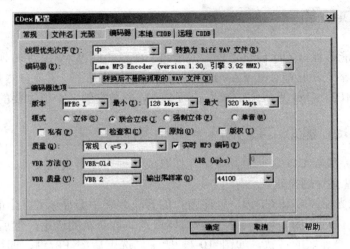

图 10-9　CDex 配置

(2) 打开源文件。

单击"重新编码"|"压缩的音频"选项，在打开的如图 10-10 所示的对话框中单击"目录"文本框后的 ■ 按钮，打开源文件夹。文件夹下所有支持的音频文件就会出现在列表中。

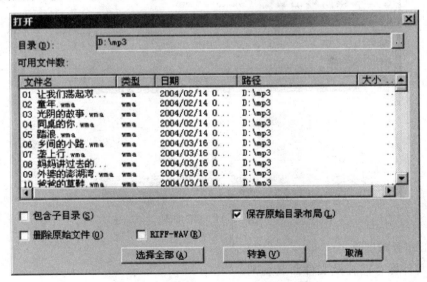

图 10-10　选择需要转换的源文件

单击"类型"列标题，按扩展名排序列表，配合 Ctrl 和 Shift 键选择多个文件，然后单击"转换"按钮，即可将 WMA 文件转换成需要的 MP3 文件了。

# 10.4 音频抓取工具

## 10.4.1 CDex 简介

CDex 除了能够抓取 CD 音轨之外，还能将 CD 音轨或 WAV 文件转换成 MP3、OGG、WMA、MP2 等格式，它能使用 LAME 作为其 MP3 编码引擎，质量自然是无可挑剔的。另外，将 MP2、MP3、Ogg 等压缩格式反转为 WAV 也是它的一个很重要的功能。

## 10.4.2 CDex 抓取 CD 光盘上的音轨

CDex 可以完成将 CD 盘上的音频文件抓取成各种音频格式的文件，操作步骤如下。

(1) CD 光盘文件的抓轨。

将 CD 放入光驱，启动 CDex，程序窗口的音轨列表中会显示 CD 中的所有音轨，默认下所有音轨都是被选定的，可单击某个音轨以取消其他音轨的选定，然后用 Ctrl 键配合鼠标单击来选定需要抓取的音轨，如图 10-11 所示。选定后按 F8 键，即可抓住音轨保存为 WAV 文件，文件默认的保存路径为"我的文档"下"My Music"文件夹，路径可以自己修改。

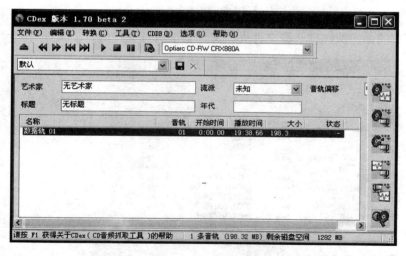

**图 10-11　CD 抓轨**

(2) 压缩音频文件。

设置文件保存路径及文件命名规则。

按 F4 键，会弹出"CDex 配置"对话框，如图 10-12 所示，切换到"文件名"选项卡，在"文件名格式"后的文本框中设置文件命名规则，将鼠标指针指向该文本框会弹出一个说明框，解释命名规则，如"%1"代表艺术家等。其下分别可设置 MP3 和 WAV 文件的路径。

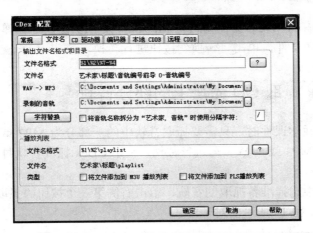

**图 10-12　压缩音频文件**

(3) 设置文件压缩格式。

其实 MP3 只是 CDex 所能编码的众多音频格式中的一种，将 CD 和 WAV 编码成哪种音频格式可在"Encoder"选项卡中进行设置。

在"编码器"选项卡(见图 10-13)中展开"编码器"下拉列表，你可看到 CDex 所能使用的音频编码器，包括 MP2、VQF、Ogg、WMA、AAC 等的编码器，仅 MP3 编码器就有两种，当然我们要选择最好的 Lame MP3 Encoder，然后在其下的"编码器选项"选项组中设置编码器参数。

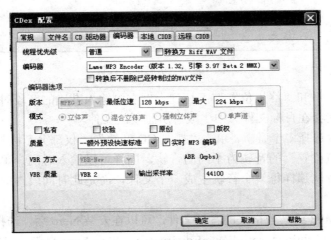

**图 10-13　设置文件压缩格式**

在"VBR 方式"下拉列表框中选择 VBR 编码方式，这样才能体现 LAME 编码器的优势，可选择"默认"或 ABR(Average Bitrate)平均码率，ABR 类似于 VBR，它会对低频和不敏感频率使用相对低的数据量，高频和大动态表现时使用高数据量，但平均数值会接近所指定的值，相当于 VBR 和 CBR 之间的一种折中选择，ABR 的数值可设为 128Kbps 或 160Kbps。"VBR 质量"即设置品质，数值从 0～9，数值越小，品质越好。

(4) 编码。

设置好后，回到主窗口，按 F9 键，即将 CD 抓轨编码为 MP3 或指定的其他音频格式。

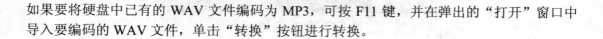

如果要将硬盘中已有的 WAV 文件编码为 MP3，可按 F11 键，并在弹出的"打开"窗口中导入要编码的 WAV 文件，单击"转换"按钮进行转换。

### 10.4.3　CDex 抓取 CD 光盘上的部分音轨

在制作网站、教学课件时，只需要抓取音轨中的一部分为 MP3 或 WAV 文件。这时，大可不必先抓取为 MP3 或 WAV，再进行裁切，在用 CDex 抓取音轨时，可有选择地抓取音轨的一部分。

在唱片集列表中选择准备抓取的音轨，单击右侧第三个按钮"抓取 CD 音轨"|"仅部分节段"，弹出如图 10-14 所示的对话框。

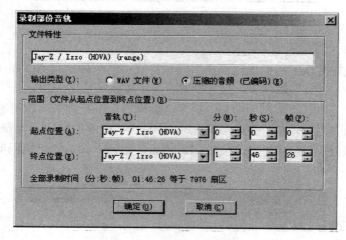

图 10-14　录制部分音轨

在"起点位置"和"终点位置"下拉列表框右侧输入准确的节段时间，最后单击"确定"按钮，稍候就会在目标文件夹中生成您所想要的文件。

我们可以同时选择多个音轨，单击"抓取 CD 音轨"|"仅部分节段"后，可以看到"起点位置"和"终点位置"的音轨为不同的音轨，同样可以输入时间，单击"确定"按钮，将不会像普通抓音轨那样每一个音轨生成一个文件，而是此时间段内的所有音轨及节段会编码成一个文件。

如果想编辑 MP3 或其他格式的音乐文件，可以在安装 Nero 后，选择"开始"|"程序"| Nero | Nero 6 Ultra Edition | Nero Wave Editor 命令，启动 Nero 自带的"Nero 波形编辑器"来编辑，它可以对声音文件进行剪裁、调节音量等操作，制作自己的剪辑等。同时，在"工具"和"效果"菜单下还有很多特效可供选择，能让您的声音更圆润，更出色！

 ## 10.5　回到工作场景

通过 10.2～10.4 节内容的学习，您应该掌握了数字音频工具软件的使用方法，此时足以完成 10.1 节工作场景中的任务。具体的实现过程如下。

【工作过程一】

正在使用的软件不支持 WMA，那我们就需要将它变成 WAV 或 MP3；觉得 MP3 的比特率太高，体积太大，那就需要把它编码成低比特率的 MP3。这就是音频格式间的相互转换。在使用电脑的过程中，经常需要在各种格式间进行转化，CDex 集成了多种音频编码器，因而可以非常方便地完成各种格式的转化。下面以将大量 WMA 文件同时转化为 MP3 为例进行介绍。

(1) 设置转化后的音频格式。

按 F4 键，打开如图 10-15 所示的对话框，设置编码器为 Lame MP3 Encoder，并设置合适的比特率，再在"文件名"选项卡中设置保存文件的路径。

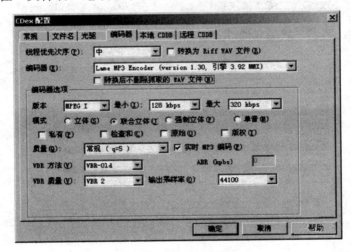

图 10-15　CDex 配置

(2) 打开源文件。

单击"重新编码"|"压缩的音频"选项，在打开的如图 10-16 所示的对话框中单击"目录"文本框后的 ■ 按钮，打开源文件夹。文件夹下所有支持的音频文件就会出现在列表框中。

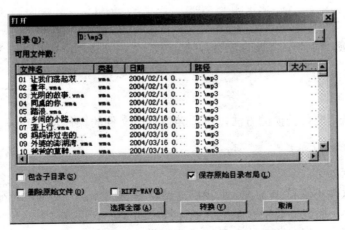

图 10-16　选择需要转换的源文件

单击"类型"列标题，按扩展名排序列表，配合 Ctrl 和 Shift 键选择多个文件，然后单击"转换"按钮，即可将 WMA 文件转换成需要的 MP3 文件了。

【工作过程二】

将孙燕姿的 CD 唱片放入光驱，启动 CDex，程序窗口的音轨列表中会显示 CD 中的所有音轨，默认所有音轨都是被选定的，可单击某个音轨以取消其他音轨的选定，然后用 Ctrl 键配合鼠标单击来选定需要抓取的音轨，如图 10-17 所示。选定后按 F8 键，即可抓住音轨保存为 WAV 文件，文件默认的保存路径为"我的文档"下的"My Music"文件夹，路径可以自己修改。

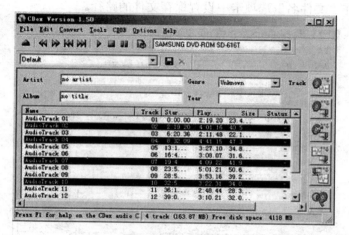

图 10-17　CD 抓轨

 ## 10.6　工作实训营

## 10.6.1　训练实例

### 1．训练内容

通过使用 CDex 简体中文版的转换音频文件格式，完成 MP3 文件和 WAV 文件的相互转换。

### 2．训练目的

掌握使用 CDex 批量转换的方法，掌握转换音乐文件的操作步骤。

### 3．训练过程

具体实现步骤如下。

正在使用的软件不支持 WMA，那我们需要将它变成 WAV 或 MP3；觉得 MP3 的比特率太高，体积太大，那就需要把它编码成低比特率的 MP3。这就是音频格式间的相互转换。在使用电脑的过程中，经常需要在各种格式间进行转化，CDex 集成了多种音频编码器，因而可以非常方便地完成各种格式的转化。以将大量 WMA 文件同时转化为 MP3 为例进行介绍。

(1) 设置转化后的音频格式。

按 F4 键，打开如图 10-18 所示的对话框，设置编码器为 Lame MP3 Encoder，并设置合适的比特率，再在"文件名"选项卡中设置保存文件的路径。

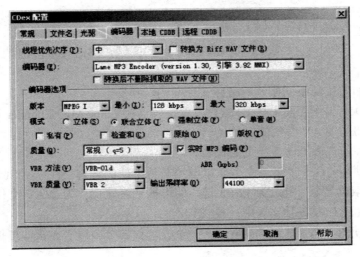

图 10-18　CDex 配置

(2) 打开源文件。

单击"重新编码"|"压缩的音频"选项，在打开的如图 10-19 所示的对话框中单击"目录"文本框后的█按钮，打开源文件夹。文件夹下所有支持的音频文件就会出现在列表中。

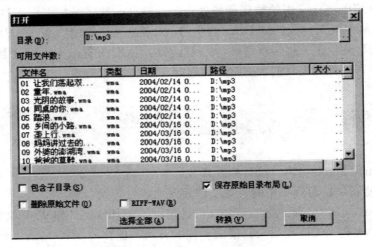

图 10-19　选择需要转换的源文件

单击"类型"列标题，按扩展名排序列表，配合 Ctrl 和 Shift 键选择多个文件，然后单击"转换"按钮，即可将 WMA 文件转换成需要的 MP3 文件了。

### 4．技术要点

批量转换音乐文件时，可以选择多个文件一次性转化，无须操作多次。其中转换文件的文件类型有多种格式可供选择，如 MP3、MP2、MOD、S3M、MTM、ULT、XM、IT、669、CD-Audio、Line-In、WAV、VOC、AVI、OGG、WMV、MPG 等。

## 10.6.2　工作实践常见问题解析

【问题 1】怎样对音频文件进行剪辑？

【答】可以使用 Sound Forge 选好要剪辑音频的区域，然后直接按键盘上的 Delete 键，就可以将其删除。

【问题 2】如何实现不同格式的音频文件间的转换？

【答】在 CDex 工作界面上按 F4 键，设置编码器为 Lame MP3 Encoder 即可进行 MP3、MP2、OGG、APE、WAV 等格式之间的转换。

【问题 3】如何抓取 CD 光盘上的音轨？

【答】可以使用 CDex 单击某个音轨以取消其他音轨的选定，然后用 Ctrl 键配合鼠标单击来选定需要抓取的音轨。选定后按 F8 键，即可抓住音轨保存为 WAV 文件。

【问题 4】如何抓取音频文件中一段音频？

【答】可以使用 CDex 单击"抓取 CD 音轨"|"仅部分节段"按钮即可抓取 CD 光盘上的部分音轨。

## 小　结

本章主要介绍了一些常用的数字音频处理工具软件：数字音频编辑工具、数字音频格式转换工具、音频抓取工具等。通过本章的学习，读者必须熟练使用 Sound Forge 剪辑音频，学会使用全能音频转换通软件转换音频，以及能够运用 CDex 抓取 CD 光盘上的音轨和部分音轨，解决数字音频处理工具的一些常见问题。

## 习　题

1. 使用 Sound Forge 剪辑一段音频并播放。
2. 使用全能音频将习题 1 中的音频文件转换通软件转换音频。
3. 使用 CDex 简体中文版的转换音频文件格式，完成 MP3 文件和 WAV 文件的相互转换。
4. 使用 CDex 抓取 CD 光盘上喜爱的一段的音轨，保存为 MP3 格式，作为手机铃声。

# 第 11 章

## 数字视频处理工具软件

 本章要点

- 熟练使用数字视频制作工具处理一段视频
- 熟练使用数字视频格式转换工具转换视频格式
- 熟练使用屏幕录像工具录制一段视频

技能目标

- 能够熟练使用数字视频制作工具处理一段视频
- 能够熟练使用屏幕录像工具录制一段视频

## 11.1 工作场景导入

**【工作场景】**

在不少人都喜欢利用手机、照相机或摄像机拍一些自己的喜欢的东西，可很多人只会拍，却不会视频剪辑。看到别人上传到网上的一段段视频，犹如一部部小电影，也冲动万分，想要自己制作一个，但又不知如何入手。小薇想通过截取电影中的一些视频片段制作一个关于母亲的视频在母亲节那天与母亲一同分享，感谢母亲的培养，该如何实现呢？

**【引导问题】**

(1) 如何使用数字视频制作工具处理一段视频？
(2) 如何使用屏幕录像工具录制一段视频？

 ## 11.2 数字视频制作工具

Corel VideoStudio(会声会影)是一套专为个人及家庭所设计的影片剪辑软件，首创双模式操作界面，入门新手或高级用户都可轻松体验快速操作、专业剪辑、完美输出的影片剪辑乐趣！创新的影片制作向导模式，只要三个步骤就可快速作出 DV 影片，即使是入门新手也可以在短时间内体验影片剪辑乐趣，同时操作简单、功能强大的会声会影编辑模式，从捕获、剪接、转场、特效、覆叠、字幕、配乐到刻录，让您全方位剪辑出好莱坞级的家庭电影。

Corel 发布了新款消费级视频编辑创作软件"VideoStudio Pro X2"，也就是当年友立(Ulead)旗下著名会声会影的第 12 代版本。

VideoStudio Pro X2 重点强化了对高清视频的支持，无论是编辑还是转码都更加轻松。新版本的主要特性如下。

(1) 可以直接从高清摄像机导入蓝光文件，进行编辑后可以直接输出刻录到蓝光光盘上，且不损失画质，支持格式包括 BDMV、HDV、AVCHD、JVCTOD 等。

(2) 新的 H.264 解码器，可以快速对高清视频进行编码并保留高画质，支持 1440×1080 和 1920×1080 输出分辨率。

(3) 智能代理编辑使用低分辨率文件来编辑和预览高清视频，从而减少系统资源消耗，并将编辑速度提升 300%，且最终输出仍保留原高清内容的完整分辨率。

(4) 针对 Intel 四核心处理器特别优化。

(5) 可以直接将视频上传到 YouTube，并提供 WMV、H.264、FLV 等多种格式。

(6) 支持苹果 iPhone 和 iPod Touch，可以从其中导出文件，或者将视频导入其中。

(7) NewBlue 电影特效，5 种滤镜提供 81 种预设效果。

(8) 全新绘画编辑器(Painting Creator)。

(9) 大量全新模板，尤其丰富了高清模板质量。

(10) 软件界面上的任何面板都可以自由调整大小。

(11) 渲染过程中可关闭预览窗口，以节约系统资源。

(12) MPEG 优化器会自动分析视频码率，并给出推荐设定，保证输出视频的最佳品质，同时还可以指定输出视频的大小。

会声会影是一套操作简单的 DV、HDV 影片剪辑软件，具有成批转换功能与捕获格式完整的特点，不仅完全符合家庭或个人所需的影片剪辑功能，甚至可以挑战专业级的影片剪辑软件。

## 11.2.1　会声会影简介

在桌面上找到 Corel VideoStudio 图标，双击即可弹出如图 11-1 所示的界面。

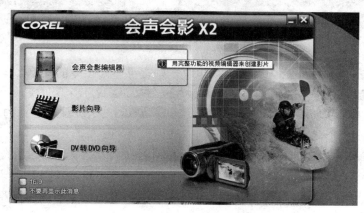

图 11-1　会声会影主界面

其中"会声会影编辑器"是会声会影的核心模式，会声会影的所有功能基本上都可以在该模式下完成。

"影片向导"模式提供了很多模板，是初学者的一个比较理想的工具，可以引导您通过三个简单的步骤，快速地完成影片的制作过程。但是其缺点是程式化，太过死板。

"DV 转 DVD 向导"模式可以将 DV 磁带中的视频内容，快速地创建一个 DVD 视频，并刻录到光盘上。

选中"16：9"复选框，则视频会自动按照 16：9 的宽屏制作，但是现在一般的视频文件都是 4：3 的模式，所以新手不建议使用该选项，以免制作出来的视频出现画面失真和变形。

选中"不要再显示此消息"复选框，则上述的启动界面将不再出现，将按照上一次的选择自动进入。

## 11.2.2　进入会声会影程序界面

单击"会声会影编辑器"进入主程序，如图 11-2 所示。

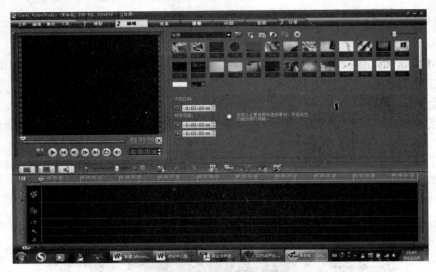

图 11-2 会声会影编辑器

其中 文件 编辑 素材 工具 为菜单栏，包含一些提供不同指令的菜单。
1 捕获 2 编辑 效果 覆叠 标题 音频 3 分享 为步骤面板。
视频编辑基本是按照 1 捕获 、 2 编辑 和 3 分享 三个步骤来进行的。

## 11.2.3 使用会声会影捕获素材

"捕获"：该步骤是将需要编辑的素材导入到会声会影的素材库中。单击进入捕获界面，如图 11-3 所示。

图 11-3 按照不同的素材渠道来捕获

"捕获素材"：是从连接到电脑摄像头来捕获。
"DV 快速扫描"：是从 DV 机的磁带中捕获。
"导入数字媒体"：是从光盘等设备中捕获。
"从移动设备导入"：这个是从硬盘或者 U 盘等储存设备中捕获。

## 11.2.4 使用会声会影编辑素材

素材捕获好了之后，可以进行编辑，如图 11-4 所示为素材库和项目区间等界面。

图 11-4　素材库

素材库界面，将整个需要使用的素材和效果都在素材库显示和管理，<u>视频</u>▼这是一个素材类型的选择框，可以对素材进行分类，例如视频、图像、效果等。

打开选项，我们可以将现有的素材添加到相应的素材库里面去。

排序选项，可以将素材库内的素材按时间或者名称来进行排序。

素材库创建选项，我们可以新建一些素材库来分类管理。

发送选项，可以将素材库中的素材发送到邮件或者网页等介质中间去。

转场效果整体应用功能，能够将转场效果应用到所选的素材中，该选项只有将选择框选择到转场效果时才会变成可选择状态，其他形式下呈现灰色的不可编辑状态。

下拉选项，可以扩大或者缩小素材库，以显示更多的素材缩略图。

素材缩略图的大小调节滑块，通过滑动滑块来放大或者缩小素材的缩略图大小。

项目区间界面，可以显示选择的项目的时间和一些属性的地方，在这个地方，我们能对选择的素材进行一些属性编辑，如图 11-5 所示。

图 11-5　项目区间界面

预览界面，是对素材和项目进行预览的地方，也可以对素材进行裁剪，如图 11-6 所示。

图 11-6　预览界面

这就是预览窗口，其中：叫飞梭栏，可以调节两头的三角块来调整视频的长短。█这个按钮可以在播放状态下直接定位开始端，█这个按钮可以在播放状态下直接定位结束端，█这个按钮是裁剪钮，当确定好开头和结束位置后，可以使用这个按钮来对视频进行裁剪。█这个按钮是全屏钮，可以使预览全屏，但是在全屏状态下无法编辑。

█是预览播放控制界面。

工具栏部分属于编辑部分的核心，在编辑的整个流程都是围绕工具栏部分的时间轴来进行编辑的，它的整个界面如图 11-7 所示。

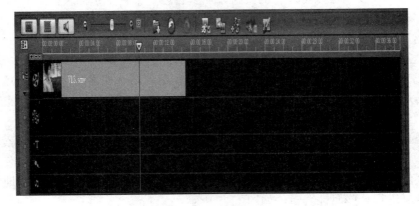

图 11-7　工具栏界面

其中█为故事版模式，在该界面下，素材会变成一个个单独的缩略图，如图 11-8 所示。

图 11-8　故事版模式

█为时间轴模式，这个模式也是我们最为主要的一个模式，几乎所有的编辑处理都是在时间轴模式下来完成的。其界面如图 11-9 所示。

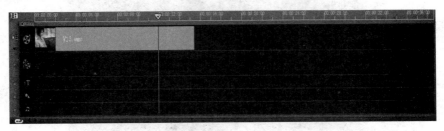

图 11-9　时间轴模式

█为音频处理模式，该模式可以对音频素材或者视频的声音进行处理。

█为插入键，可以将素材直接插入视频轨道。

为前进后退键，可以将已操作的步骤进行撤销或者恢复。

智能代理键，这个是会声会影的一个特色功能。开启智能代理模式，在预览一些高清素材的时候，会声会影会自动将高清画面渲染为画质较低的素材，以避免电脑配置不够而导致画面卡、顿现象，对高清素材进行编辑完成后，又能在输出渲染的时候不改变素材的清晰度，建议配置不高的电脑都开启该功能。

成批转换功能，能将多个视频文件转化成一种视频格式。

轨道管理器，在轨道管理器内，可以对时间轴内的轨道进行添加，以配合一些复杂的视频编辑。

绘图创建器，该功能能按照自己的笔迹来创建一个动画效果，简单方便，也很有特色和趣味。

编辑步骤中又可以按：效果、覆叠、标题、音频四个小步骤进行。

效果步骤，是给视频轨中间的素材间添加转场效果时，建议进入故事版模式，添加到相邻两个素材中间的小方块中，如图 11-10 所示。

图 11-10　效果步骤

这样在两个素材转化的时候就会有相应的转场效果。

覆叠该步骤就是添加需要的覆叠素材，以达到想要的视频效果。

标题该步骤是打开标题素材库，里面有很多程序自带的标题效果，可以直接套用。

音频该步骤是对视频中需要的声音或者音乐等音频素材进行编辑，当然也可以自己录音或者从 CD 盘中直接获取。

通过设置音乐和声音，可以增加背景音乐或进行录音设置，如图 11-11 所示。

图 11-11　音乐和声音

下面我们重点来介绍一下时间轴模式下的视频处理，在时间轴的左侧，如图 11-12 所示，这就是时间轴包含的几个部分。

图 11-12　时间轴模式

其中 ⬛ 叫视频轨，是视频的主轨道，在这个轨道上，相邻两个素材之间必须在时间上连续，构成一个连续画面。将要制作的素材选好，⬛ 按住鼠标左键，拖动到视频轨上来，⬛ 这样就在视频轨道上放置好一个素材了。

⬛ 叫覆叠轨，是配合视频轨做出一些特殊视频效果的轨道，这个轨道可以不连续，可以按照需要的时间段来选择覆叠轨中的素材位置，如图 11-13 所示。

图 11-13　覆叠轨

在覆叠轨中添加了素材后，在相应的时间里，视频中就会同时出现视频轨和覆叠轨中间的素材，如图 11-14 所示。

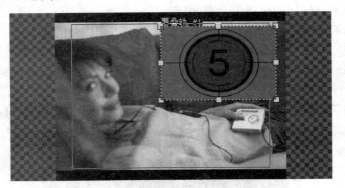

图 11-14　视频轨和覆叠轨

覆叠轨中的素材还能进行属性编辑，鼠标单击要编辑的覆叠轨中的素材，在项目区间部分会弹出 ⬛ ，在这个界面下方可以对素材进行编辑处理，单击 ⬛ 可以对素材进行编辑。例如 ⬛ 让其翻转，⬛ 调整播放速度，⬛ 调整素材的色彩，⬛ 反转视频是视频素材翻转。单击 ⬛ 可对素材的一些属性进行设定，主要是 ⬛ 这样一个进入方式，用这个功能可以对覆叠轨中的素材进入主画面的一个方向进行设定，然后对退出主画面的方向也进行设定，如果选择的是中间选项，即表示没有动作。

　　覆叠轨可以添加，单击轨道管理器 图标按钮，弹出"轨道管理器"对话框，如图 11-15 所示。

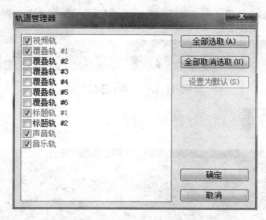

图 11-15　轨道管理器

　　选定需要的覆叠轨，单击"确定"按钮。

　　在轨道部分就会多出想要的覆叠轨，最多能打开 6 个覆叠轨。

　　 是标题轨，在这个轨道上能添加一些文字或者字幕。

　　用鼠标单击标题轨，可以在预览框中看到如图 11-16 所示的画面。

图 11-16　预览框

　　用鼠标双击预览框的任意地方，即可在鼠标单击的地方打开输入框，输入自己想要输入的文字，如图 11-17 所示

图 11-17　输入文字

当然，也可以套用标题选项中的已有的素材，如图 11-18 所示。

图 11-18　套用已有素材

选择好一个素材，拖到标题框，如图 11-19 所示。

图 11-19　选择素材

放好后，可以双击标题位置，对内容进行编辑，如图 11-20 所示。

图 11-20　编辑素材

同样，标题也是可以设定其属性效果的，可以对标题的时间、字体、大小、颜色、位置等进行设定，动画部分可以为字幕添加动画效果，如图 11-21 所示。

图 11-21 添加字幕动画

在动画类型的下拉列表框中有"淡化"、"弹出"、"翻转"等多种效果，在下拉列表框的右侧有一个  图标按钮，这个是效果的高级设定，单击进入，会弹出一个对话框，如图 11-22 所示。

图 11-22 设置效果

在这个对话框里可以对当前的动画效果进行进一步设定。

█ 声音轨道，在这个轨道里可以添加一些旁白或者其他声音特效。

█ 音乐轨道，在这个轨道里可以添加一些背景音乐。

## 11.3 数字视频格式转换工具

格式工厂(Format Factory)是一款多功能的多媒体格式转换软件，适用于 Windows，可以实现大多数视频、音频以及图像不同格式之间的相互转换。转换可以具有设置文件输出配置、增添数字水印等功能。

(1) 支持几乎所有类型的多媒体格式到常用的几种格式。

(2) 转换过程中可以修复某些损坏的视频文件。

(3) 多媒体文件减肥。

(4) 支持 iPhone、iPod、PSP 等多媒体指定格式。

(5) 转换图片文件支持缩放、旋转、水印等功能。

(6) DVD 视频抓取功能，轻松备份 DVD 到本地硬盘。

(7) 支持 60 种国家语言。

下面介绍使用格式工厂转换视频的方法。

先看一下格式工厂软件的界面，如图 11-23 所示。

图 11-23　格式工厂主界面

打开格式工厂，单击"所有转到 avi"选项，在弹出的对话框中单击"输出配置"按钮，在预设配置中可以看到多种预设配置，如图 11-24 所示。

图 11-24　预设配置

这其中的移动设备兼容格式 320*240XVID、移动设备兼容格式 320*240MPEG4 和移动设备兼容格式 320*240AVC 都可以被 CP 支持，一般选前两个就行了，然后就要开始配置具体的参数了，如图 11-25 所示。

| 配置 | 数值 |
| --- | --- |
| 类型 | AVI |
| 使用系统解码器 (AviSynth) | 关闭 |
| □ 视频流 | |
| 视频编码 | MPEG4 (Xvid) |
| 屏幕大小 | 缺省 |
| 比特率（KB/秒） | 缺省 |
| 每秒帧数 | 缺省 |
| 宽高比 | 自动（宽度） |
| 二次编码 | 否 |
| □ 音频流 | |
| 音视频编码 | MP3 |
| 采样率（赫兹） | 44100 |
| 比特率（KB/秒） | 128 |
| 音频声道 | 2 |
| 关闭音效 | 否 |
| 音量控制（+dB） | 0 dB |
| 音频流索引 | 缺省 |
| ⊞ 附加字幕 | |
| ⊞ 水印 (AviSynth) | |
| ⊞ 高级 | |

图 11-25　配置参数

对于视频流，其中屏幕大小无须改动，需要改动的主要是每秒帧数。当帧数越大，视频就越流畅，体积也越大，反之亦然。对于一般的视频，设置在 18～20 帧，而对于一些动作片，画面切换得很快的视频，则要选最高帧数为 25，但不能超过 25 帧，因为 CP 只支持最高 25 帧的视频，·超过了就只有声音而没有图像了。

对于音频流，一般的视频选默认选项即可，要是 MV 的话可以适当地提高一些。其他的设置不需要动，设置完成后可以单击"确定"按钮，然后添加要转换的文件就可以开始转换了。

## 11.4 屏幕录像工具

Wink 是一款免费且内建多国语言的屏幕抓取软件，可输出成多种不同的教学文件格式。例如：Flash 动画文件、EXE 可运行文件、HTML 网页文件、PDF 文件等，让大家不管是在网页上还是在计算机上都能看到您精心制作的教学文件。如果是发布成网页模式的，还可以用 JPG、PNG、GIF 等图片格式来做发布，让网页开启的速度可以更快。当然为了让我们的教程看起来更专业点，除了静态的网页发布功能外，还可以发布成 PDF 文件，甚至是含有动态效果的 SWF 动画档或是 EXE 可执行文件。

### 11.4.1 Wink 的下载安装

用户可以从华军或其官方网站下载 Wink 软件，安装非常简单快速，只需单击 I Agree 和 Install 按钮即可，如图 11-26 和图 11-27 所示。整个安装过程没有捆绑任何插件及第三方工具。

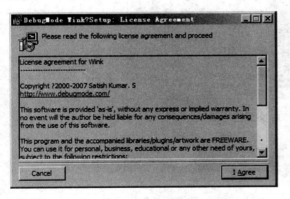

图 11-26　Wink 安装初始画面

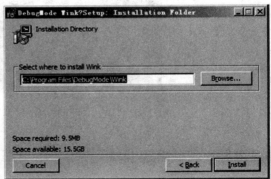

图 11-27　Wink 支持自定义安装

### 11.4.2 Wink 的界面语言设置

Wink 虽然是由国外公司推出的一款图像及视频捕捉软件，但它支持多种语言，其中也包括中文。用户只需在界面中选择 File | Choose Language | Simplified Chinese 菜单命令，再

重新启动程序，界面就会变成简体中文了，如图 11-28 和图 11-29 所示，可以看到 Wink 的界面设计比较简单，同时也很传统。

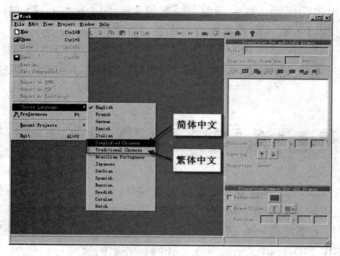

图 11-28　Wink 语言设置

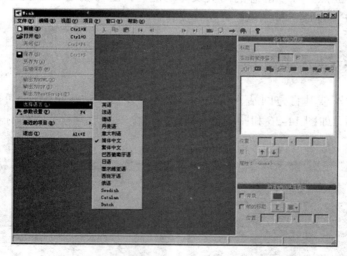

图 11-29　设置成中文后的界面

## 11.4.3　Wink 的屏幕录像

活到老，学到老，可以说学习是每个人一生都要坚持的事情。那么面对一个从未接触的新鲜事物，我们怎么才能快速地去了解它、运用它呢？估计此时很多人都会这样想，要是有关于它的一个视频教程手把手地教大家就好了。而 Wink 就可以让大家非常轻松地来制作视频教程，给他人带来帮助，同时也给自己带来乐趣！

Wink 的主界面如图 11-30 所示。

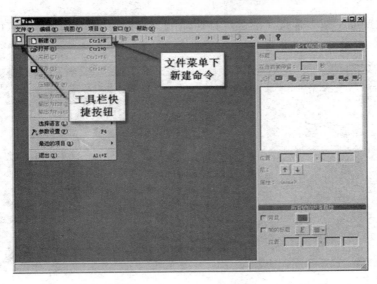

图 11-30　Wink 主界面

第一步：创建新项目。

用户可以通过文件菜单的新建命令或者工具栏中的新建快捷按钮，创建一个新项目来保存您未来要录制的视频。创建新项目分为两步：①为您的视频捕捉进行一些参数设定，如是否要录音、录制视频时是否隐藏自身窗口、录制的矩形区域大小、录制的速度等；②用户可以根据提示，按下捕捉快捷键进行视频录制。如果要结束视频捕捉，只需再次按下快捷键即可停止捕捉。

Pause：仅捕捉当前画面。

Shift+Pause：按下后，就开始自动进行视频捕捉了，比较方便。

Alt+Pause：按下后并没有开始捕捉，而是每当用户进行鼠标单击或键盘操作时才相应地进行一次捕捉操作，并非持续捕捉。

下面介绍新项目创建的操作步骤。

(1) 打开新项目向导，如图 11-31 所示，设置视频捕捉的参数。

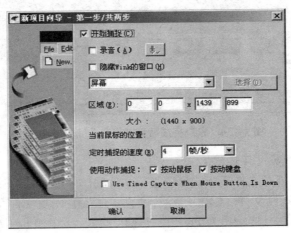

图 11-31　创建新项目并进行参数设置

(2) 用户根据提示按下捕捉快捷键进行捕捉，捕捉完成后单击"结束"按钮，如图 11-32 和图 11-33 所示。

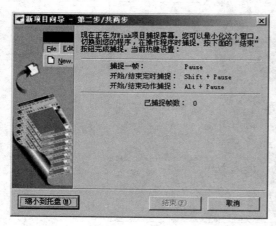

图 11-32　创建新项目捕捉快捷键提示

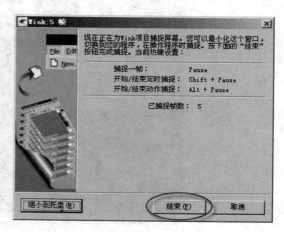

图 11-33　视频捕捉结束

第二步：Wink 的后期编辑操作。

完成录制后，所有被捕获的帧就会显示在界面的下方，此时我们也就可以对其进行后期的编辑加工操作了，如图 11-34 所示。Wink 支持您对捕获的每一帧进行详细的编辑及设置，例如添加标题、设定停留时间、加入声音图像、重新变换位置等。

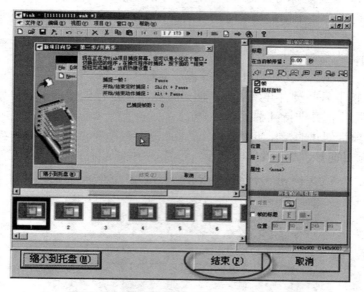

图 11-34　录制完成后可进行后期编辑操作

第三步：Wink 的视频文件输出。

当用户成功录制完视频文件后，就可以进行文件输出了。Wink 支持多种类型的文件输出，可以输出为 Flash 动画文件、EXE 可运行文件、HTML 网页文件及 PDF 文件等！用户可以通过文件菜单，将其直接输出为 PDF 及 HTML 格式，如图 11-35 所示。另外还可通过"项目"|"设置"菜单命令、快捷键 F3 或者工具栏快捷按钮，将其设置输出为 EXE 或

SWF 动画格式，但还需再通过"项目"|"渲染"菜单命令、快捷键 F7 或者快捷按钮 ⇨ 进行渲染操作，此时才真正生成动画文件，如图 11-36～图 11-39 所示。操作完毕后用户还可通过快捷键 F8 或者快捷按钮 🐞，来查看最终生成的视频文件效果到底如何，当然也可以双击生成的文件来查看。

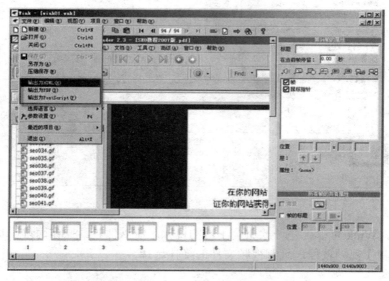

图 11-35　通过文件菜单将录制的视频输出为 PDF 或 HTML 格式

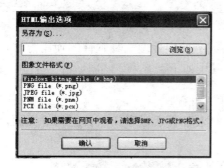

图 11-36　输出为 HTML 格式

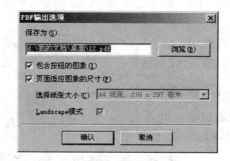

图 11-37　输出为 PDF 格式

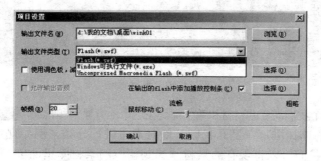

图 11-38　输出为 EXE 或 SWF 动画格式

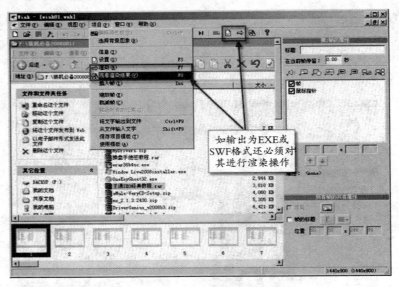

图 11-39　渲染操作界面

总的来说，Wink 可以说是一款免费小巧的视频录制软件。其操作简单，功能卓越，饱受好评，是您制作视频教程，录制视频文件的绝佳选择。

##  11.5　回到工作场景

通过 11.2～11.4 节内容的学习，您应该掌握了数字视频处理工具软件的使用方法，此时足以完成 11.1 节工作场景中的任务。具体的实现过程如下。

**【工作过程一】**

素材捕获好了之后，可以进行编辑，这时候我们来看看素材库和项目区间等界面，如图 11-40 所示。

图 11-40　素材库

素材库界面，整个我们需要的素材和效果都是在这个地方显示和管理，这是一个素材类型的选择框，在里面我们可以对素材进行分类，例如视频、图像、效果等。

打开选项，我们可以将现有的素材添加到相应的素材库里面去。

排序选项，我们可以将素材库内的素材按时间或者是名称来进行排序。

素材库创建选项，我们可以新建一些素材库来分类管理。

发送选项，可以将素材库中的素材发送到邮件或者网页等介质中间去。

转场效果整体应用功能，能够将转场效果应用到所有的素材中，该选项只有将选择框选择到转场效果时才会变成可选择状态，其他形式下呈现灰色的不可编辑状态。

下拉选项，可以扩大或者缩小素材库，以显示更多的素材缩略图。

素材缩略图的大小调节滑动，通过滑动滑块来放大或者缩小素材的缩略图大小。

项目区间界面可以显示选择的项目的时间和一些属性的地方，在这个地方，我们能对选择的素材进行一些属性编辑，如图 11-41 所示。

图 11-41　项目区间界面

预览界面是对素材和项目进行预览的地方，也可以对素材进行裁剪，如图 11-42 所示。

图 11-42　预览界面

这就是预览窗口，其中：　　　　　　　　　叫飞梭栏，可以调节两头的三角块来调整视频的长短，[ 这个按钮可以在播放状态下直接定位开始端，] 这个按钮可以在播放状态下直接定位结束端，✂ 这个按钮是裁剪钮，当确定好开头和结束位置后，可以使用这个按钮来对视频进行裁剪。⊙ 全屏钮，可以全屏预览，但是在全屏状态下无法编辑。

　　　　　　　　　　　　是预览播放控制界面。

工具栏部分属于编辑部分的核心，在编辑的整个流程都是围绕工具栏部分的时间轴来进行的，其整个界面如图 11-43 所示。

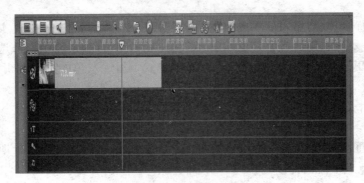

图 11-43　工具栏界面

其中 ![] 为故事版模式，在该界面下，素材会变成一个个单独的缩略图，如图 11-44 所示。

图 11-44　故事版模式

![] 为时间轴模式，这个模式也是我们最为主要的一个模式，几乎所有的编辑处理都是在时间轴模式下来完成的。其界面如图 11-45 所示。

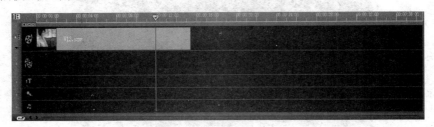

图 11-45　时间轴模式

![] 为音频处理模式，该模式可以对音频素材或者视频的声音进行处理。

![] 为插入按钮，可以将素材直接插入视频轨道。

![] 为前进后退按钮，可以将已操作的步骤进行撤销或者恢复。

![] 智能代理键，这个是会声会影的一个特色功能。开启智能代理模式，在预览一些高清素材的时候，会声会影会自动将高清画面渲染为画质较低的素材，以避免电脑配置不够而导致画面的卡、顿现象，对高清素材进行编辑完成后，又能在输出渲染的时候不改变素材的清晰度，建议配置不高的电脑都开启该功能。

![] 成批转换功能，能将多个视频文件转化成一种视频格式。

![] 轨道管理器，在轨道管理器内，可以对时间轴内的轨道进行添加，以配合一些复杂的视频编辑。

绘图创建器，该功能能按照自己的笔迹来创建一个动画效果，简单方便，也很有特色和趣味。

编辑步骤中又可以按：效果、覆叠、标题、音频四个小步骤进行。

效果 效果步骤，是给视频轨中间的素材间添加转场效果时，建议进入故事版模式，添加到相邻两个素材中间的小方块中，如图 11-46 所示。

图 11-46 效果步骤

这样在两个素材转化的时候就会有相应的转场效果。

覆叠 该步骤就是添加需要的覆叠素材，以达到想要的视频效果。

标题 该步骤是打开标题素材库，里面有很多程序自带的标题效果，可以直接套用。

音频 该步骤是对视频中需要的声音或者音乐等音频素材进行编辑，当然也可以自己录音或者从 CD 盘中直接获取。

通过设置音乐和声音，可以增加背景音乐，还可以提供录音设置，如图 11-47 所示。

图 11-47 音乐和声音素材

下面我们重点来介绍一下时间轴模式下的视频处理，在时间轴的左侧，如图 11-48 所示，这就是时间轴包含的几个部分。

图 11-48 时间轴

其中 叫视频轨，是视频的主轨道，在这个轨道上，相邻两个素材之间必须在时间上连续，构成一个连续画面。将要制作的素材选好，按住鼠标左键，拖动到视频轨上来，这样就在视频轨道上放置好一个素材了。

覆叠轨，是配合视频轨做出一些特殊视频效果的轨道，这个轨道可以不连续，可以按照需要的时间段来选择覆叠轨中的素材位置，如图 11-49 所示。

图 11-49　覆叠轨

在覆叠轨中添加了素材后，在相应的时间里，视频中就会同时出现视频轨和覆叠轨中间的素材，如图 11-50 所示。

图 11-50　视频轨和覆叠轨

覆叠轨中的素材还能进行属性编辑，鼠标单击要编辑的覆叠轨中的素材，在项目区间部分会弹出 _____ 编辑 _____ 属性 _____，在这个界面下方可以对素材进行编辑处理，单击 _____ 编辑 _____ 可以对素材进行编辑。例如 _____ 让其翻转，_____ 回放速度 调整播放速度，_____ 色彩校正 调整素材的色彩，_____ 反转视频 是视频素材翻转，单击 _____ 属性 _____ 可对素材的一些属性进行设定，主要是 _____ 这样一个进入方式，用这个功能能对覆叠轨中的素材进入主画面的一个方向进行设定，然后对退出主画面的方向也进行设定，如果选择的是中间选项，即表示没有动作。

覆叠轨可以添加，单击轨道管理器图标按钮 _____，弹出"轨道管理器"对话框，如图 11-51 所示。

图 11-51　轨道管理器

选定需要的覆叠轨，单击"确定"按钮。

在轨道部分就会多出想要的覆叠轨，最多能打开六个覆叠轨。

是标题轨，在这个轨道上能添加一些文字或者字幕。

用鼠标单击标题轨，可以在预览框中看到如图 11-52 所示的画面。

图 11-52　预览框

用鼠标双击预览框的任意地方，即可在鼠标单击的地方打开输入框，输入自己想要输入的文字，如图 11-53 所示。

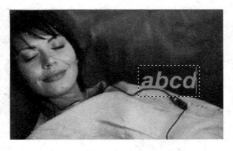

图 11-53　输入文字

当然，也可以套用标题选项中已有的素材，如图 11-54 所示。

图 11-54　套用已有素材

选择好一个素材 ，拖到标题框，如图 11-55 所示。

图 11-55　选择素材

放好后，可以双击标题位置，对内容进行编辑，如图 11-56 所示。

图 11-56　编辑素材

同样，标题也是可以设定其属性效果的，　　　　　　　　　　可以对标题的时间、字体、大小、颜色、位置等进行设定，　　　　　　　　　部分也可以为字幕添加动画效果，如图 11-57 所示。

图 11-57　添加字幕动画

在动画类型的下拉列表框中有 "淡化"、"弹出"、"翻转" 等多种效果，在下拉列表框的右侧有一个 $\boxed{T}$ 图标按钮，这个是效果的高级设定，单击进入，会弹出一个对话框，如图 11-58 所示。

图 11-58　设置效果

在这个对话框中可以对当前的动画效果进行进一步设定。

声音轨道，在这个轨道中可以添加一些旁白或者其他声音特效。

音乐轨道，在这个轨道中可以添加一些背景音乐。

## 【工作过程二】

单击图标按钮，就会弹出一个界面，如图 11-59 所示。

图 11-59　分享主界面

我们可以进行操作，制作成视频、声音，或者直接刻录成 DVD 光盘，或者导出到 U 盘或者摄像机上，甚至可以发到一些视频网站上。

这里主要介绍一下创建视频文件。单击图标按钮，会弹出一个下拉菜单，这里面有很多的格式，如图 11-60 所示，根据不同格式和不同的帧数，渲染的时间会有所不同，像 DV、HDV 或者 BLU-RAY(蓝光格式)等高清格式，渲染的时间会比较长，但是画面比较清晰，而 FLV 或者 MPEG4(即 MP4 格式)的文件，渲染时间较短，但是画面相对来说清晰度差一些。

图 11-60　格式选择

　　具体格式需要按自己的需求选择，当然您也可以自定义，如图 11-61 所示，选择视频文件的保存路径。

图 11-61　创建视频文件

　　在保存类型里面选择需要的格式，选好之后单击 选项(0)... 按钮，弹出如图 11-62 所示的对话框

图 11-62　视频保存选项

在这里可以对帧数和视频的宽高比进行设定，帧速越高，视频约清楚，时间也越长。确定好后为文件定好名字就可以保存文件了，等到文件渲染完成后，一个视频制作就完成了。

## 11.6　工作实训营

### 11.6.1　训练实例

#### 1．训练内容

运用会声会影的编辑器，应用自动摇动和缩放功能，使得图片妙趣横生。

#### 2．训练目的

学会使用会声会影的图片编辑功能，使得制作的视频样式更加多样化。

#### 3．训练过程

是否正在考虑采用哪些方法可以？使用会声会影的"自动摇动和缩放"功能，您现在可以从大量摇动和缩放效果中进行选择，从而将您喜爱的图片做成动画。通过运用移动效果使图像更加生动，来获得更加引人入胜的视频项目！

对图像应用自动摇动和缩放功能的操作如下。

在会声会影编辑器中，从库中选择图像素材，然后将其插入时间轴。

设置图像后，单击该图像，然后选择素材的 Auto Pan & Zoom，或右击该图像，然后在弹出的快捷菜单中选择 Auto Pan & Zoom 命令以应用该效果，如图 11-63 所示。

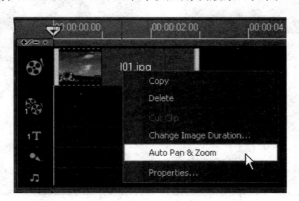

**图 11-63　设置自动摇动和缩放效果**

将自动选中"图像"选项卡中的"摇动和缩放"单选按钮，并且还会自动将随机摇动和缩放效果应用于该图像！

如果您不想选择要用于该图像素材的摇动和缩放样式，可单击"摇动和缩放"单选按钮下方的下拉菜单，然后从提供的众多选项中进行选择，如图 11-64 所示。

图 11-64　选择效果

　　如果要使图像获得包含众多相机移动动作的效果，可单击"自定义"按钮以在图像上修改所需的摇动和缩放效果。将打开"摇动和缩放"对话框，如图 11-65 所示。

图 11-65　选择缩放

　　在"原始"窗口中拖动十字准线，从该对话框的可用选项中选择所需的效果，如图 11-66 所示。

图 11-66　选择效果

　　将这些图片导入会声会影，通过"摇动和缩放"功能使所捕获的最美妙瞬间更加生动逼真！

## 11.6.2　工作实践常见问题解析

　　【问题 1】如何对已导入的素材进行编辑？

　　【答】可以使用 Corel VideoStudio(会声会影) 在素材库界面中，对需要使用的素材和效果都在素材库中显示和管理，即可选择需要完成的视频编辑效果。

　　【问题 2】会声会影如何捕获素材？

　　【答】可以使用 Corel VideoStudio(会声会影)连接到电脑摄像头，从 DV 机的磁带、光盘等设备以及从硬盘或者 U 盘中捕获素材。

　　【问题 3】如何将视频文件的格式转换为 AVI 格式？

　　【答】可以使用格式工厂，单击"所有转到 AVI"按钮，同时还可在弹出的对话框中单击"输出配置"按钮对输出文件的大小进行选择。

　　【问题 4】如何进行图像和视频捕捉，捕捉后的录像可以编辑吗？

　　【答】可以使用 Wink 进行屏幕录像，同时支持您对捕获的每一帧进行详细的编辑及设置，例如添加标题、设定停留时间、加入声音图像、重新变换位置等。

## 小　结

　　本章主要介绍了一些常用的数字视频处理工具软件：数字视频制作工具、数字视频格式转换工具、屏幕录像工具等。通过本章的学习，读者能够熟练使用会声会影编辑素材，制作视频文件，学会使用格式工厂转换视频文件，以及能够运用 Wink 进行屏幕录像，解决数字视频处理中的一些常见问题。

# 习　题

1. 使用会声会影工具，选取几张照片作为视频的素材，捕获素材。
2. 使用会声会影工具编辑习题 1 中的素材，并制成视频。
3. 使用格式工厂将一个 AVI 视频文件转换成 MP4 格式。
4. 使用 Wink 录制一段播放视频的操作过程。

# 第 12 章

## 网络常用工具

 本章要点

- 利用 FlashGet 下载和管理文件
- 利用 BT 下载文件、制作种子文件
- 使用 Web 迅雷下载文件
- 腾讯 QQ 的功能和使用
- Outlook Express 的功能和特点
- 利用 Outlook Express 收发电子邮件

### 技能目标

- 掌握 FTP 工具下载和上传文件
- 掌握利用 Outlook Express 工具进行收发邮件、设置账户属性、创建邮件规则以及管理邮箱等功能
- 掌握使用 QQ 工具进行聊天

## 12.1 工作场景导入

**【工作场景】**

老王退休在家，前些日子同学聚会发现老同学都在使用网络，有的下载电影观看，有的和远在国外的儿女视频聊天，老王也想下载一些老歌听一听，还想与他们通过网络相互联系，交流信息。

**【引导问题】**

(1) 如何下载歌曲文件？

(2) 如何使用聊天工具进行聊天？

(3) 如何收发邮件？

## 12.2 网络下载工具

### 12.2.1 网际快车 FlashGet 简介

下载文件的两个最大的问题是下载速度和下载后的管理，网际快车就是解决上述两个问题的优秀的文件下载工具。网际快车采用了多线程下载技术，解决了下载速度慢的问题。另外，网际快车还可以创建文件类别，以便用户更好地对文件进行管理。

下面介绍网际快车 1.80 版本的功能特点及其使用方法。

(1) 最多可以把一个软件分为 10 个部分同时下载，而且最多可设定 8 个下载任务。

(2) 通过多线程、断点续传、镜像等技术最大限度地提高下载速度。

(3) 可以有选择地批量下载文件。

(4) 可以创建不同的文件类别，把下载的文件分类存放。

(5) 下载的任务可排序，重要文件可提前下载。

(6) 充分支持代理服务器功能。

(7) 可检查文件是否更新或重新下载。

### 12.2.2 使用网际快车 FlashGet 下载文件

网际快车下载文件的方法十分简单便捷，下面以在百度 MP3 下载音乐为例来介绍其具体的操作步骤。

(1) 将计算机连接到 Internet，然后在要下载的网页中右击该下载链接，再在弹出的快捷菜单中选择"使用快车(FlashGet)下载"命令，如图 12-1 所示。

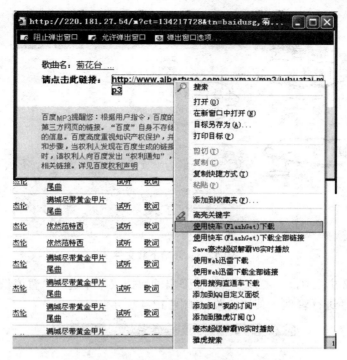

图 12-1　使用快车(FlashGet)下载

(2) 弹出如图 12-2 所示的"添加新的下载任务"对话框，然后对文件的类别、文件的保存位置、文件的名称、文件分几部分同时下载进行设置，再单击"确定"按钮。

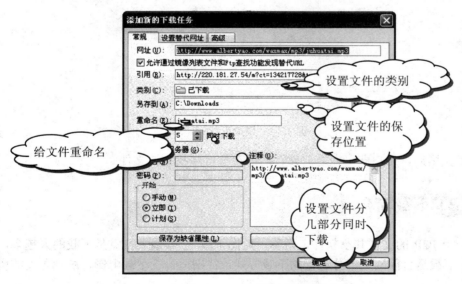

图 12-2　添加新的下载任务

(3) 计算机将启动网际快车，然后通过网际快车开始下载文件，其界面如图 12-3 所示。

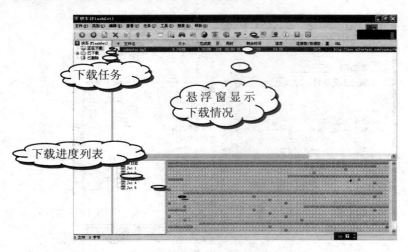

图 12-3　开始下载文件

(4) 文件下载过程中，右击该文件，在弹出的快捷菜单中选择"暂停"、"删除"等命令，对正在下载的文件进行管理。其快捷菜单如图 12-4 所示。

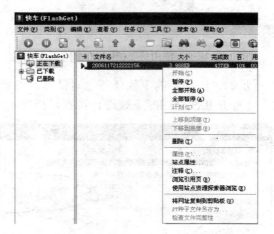

图 12-4　快捷菜单

(5) 下载完毕后，用户即可在之前设置的保存位置中找到该文件。

## 12.2.3　BT 下载简介

BT 是一个 P2P 的文件共享软件，俗称"变态下载"，其最大特点是下载的人越多，速度越快。BT 下载是目前网上十分流行的下载方式，特别适合于下载电影、游戏之类的资料和软件。

下面将介绍 BitComet 0.81 版的功能特点及使用方法。

BT 下载软件有不同的版本，但这些版本的功能特点都类似，主要如下。

(1) 多任务同时下载时仍可保持较少的系统资源。

(2) 下载的人越多，速度越快。

(3) 普通的下载者也是服务者，承担分散流量的任务。

(4) 只需一个监听端口就可满足所有下载任务的工作需要。

(5) 可以降低对硬盘造成的物理损伤。

## 12.2.4　使用 BT 下载文件

双击下载的 BitComet 应用程序，即可根据向导完成其安装，然后选择"开始"|"所有程序"| BitComet | BitComet 命令，或者双击桌面上的 BitComet 快捷方式图标，就可以启动 BitComet 程序，其界面如图 12-5 所示。

图 12-5　BitComet 主界面

## 12.2.5　使用 BitComet 在网上下载资源

接下来我们将介绍如何利用 BitComet 在网上下载资源的操作步骤。

(1) 将计算机连接到 Internet，然后登录到提供 BT 下载服务的网站或论坛，例如我们在浏览器的地址栏中输入 www.btchina.net，登录到如图 12-6 所示的 BitTorrent @China 联盟。

图 12-6　登录 BitTorrent @China 联盟

(2) 选择想下载的文件，如选择下载"火影忍者"，然后会打开如图 12-7 所示的关于"火影忍者"的 BT 排行榜，排行榜上有关于该文件的一些详细信息，例如文件大小、种子数目、发布者等。

图 12-7　BT 排行榜

(3) 选择一个文件并单击该文件名，就可以弹出如图 12-8 所示的对话框，开始下载种子文件。

图 12-8　下载种子文件

(4) 种子下载完毕后，计算机会启动 BitComet 程序，并弹出如图 12-9 所示的"任务属性"对话框，对下载文件的保存位置、下载类别以及要下载的文件进行选择与设置后，单击"确定"按钮。

图 12-9　下载文件

(5) 此时 BitComet 的界面变成如图 12-10 所示，选择的文件开始下载。在信息内容分类栏中可以选择"内容简介"、"任务摘要"、"服务器列表"、"文件列表"、"用户列表"和"全局统计"等选项，对其相关内容进行查看。

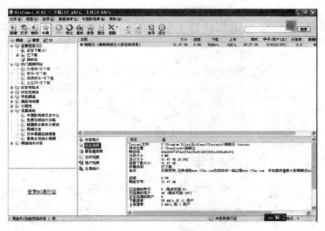

**图 12-10　相关内容查看**

(6) 此外，用户还可以右击下载任务列表中的文件，选择快捷菜单中的命令，如图 12-11 所示，对下载的文件进行管理。

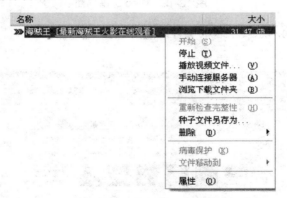

**图 12-11　对下载的文件进行管理**

## 12.2.6　Web 迅雷下载

Web 迅雷是迅雷公司最新推出的一款基于多资源超线程技术的下载工具，与迅雷 5 作为专业下载工具的定位不同，Web 迅雷在设计上更多地考虑了初级用户的使用需求，使用了全网页化的操作界面，更符合互联网用户的操作习惯，也带给用户全新的互联网下载体验。

下面介绍 Web 迅雷 V1.5.0.78 版的功能特点及使用方法。

(1) 安装包小巧，安装方法更简单。

(2) 完全的网页化界面，操作更简便。

(3) 和迅雷网站无缝集成，显著提高下载速度。

(4) 丰富的下载操作提示，可以轻松解决各种下载问题。

Web 迅雷是一款集 FlashGet 和点到点下载优点于一身的新型下载软件，下面将介绍其下载功能。

(1) 双击桌面上的"Web 迅雷"快捷方式图标，即可启动 Web 迅雷，界面如图 12-12 所示。

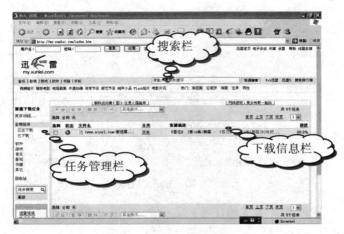

图 12-12　Web 迅雷界面

(2) 在搜索栏中输入想要下载的文件或者登录 www.xunlei.com(界面如图 12-13 所示)浏览网页。

图 12-13　浏览迅雷网页

(3) 选择要下载的文件，进入如图 12-14 所示的"迅雷下载"页面。

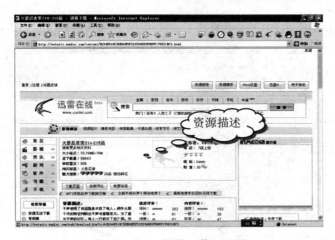

**图 12-14 "迅雷下载"页面**

(4) 单击"下载页面"按钮,就可转到下载页面,如图 12-15 所示。

**图 12-15 下载页面**

(5) 单击左窗格中的"点击下载"按钮,弹出如图 12-16 所示的"新的下载"对话框,然后在该对话框中设置下载任务的保存位置、保存名称等,再单击"开始下载"按钮。

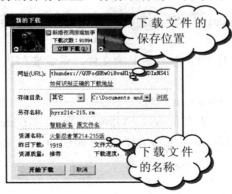

**图 12-16 开始下载**

(6) 此时，Web 迅雷页面中已经增加了一个新的下载任务，如图 12-17 所示。

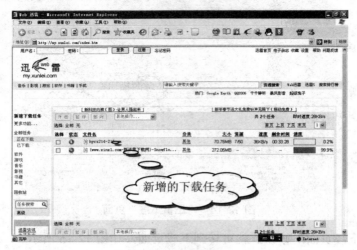

图 12-17　迅雷界面

 ## 12.3　FTP 工具

Internet 之所以会得到广泛的普及应用，其中一个重要的原因就是它可以实现信息资源的共享，而文件传输是实现文件共享的重要内容。基于上述原因，CuteFTP 应运而生，它是一个使用容易且非常受欢迎的 FTP 软件。

下面介绍 CuteFTP 8 Professional 版本的功能特点及其使用方法。

(1) 下载文件支持续传，可下载或上传整个目录且不会因为闲置过久而被踢出站台。

(2) 具有类似于 Windows 资源管理器的界面。

(3) 具有支持队列、远程编辑的功能。

(4) 具有不断优化的界面。

(5) 具有 MP3 和文件搜索功能。

### 12.3.1　使用 CuteFTP 与远程 FTP 服务器建立连接

如果用户要下载远程 FTP 服务器上的文件，首先要与远程 FTP 服务器建立连接，下面将介绍其具体操作步骤。

(1) 将计算机连接到 Internet。

(2) 选择"开始"|"所有程序"| GlobalSCAPE | CuteFTP Professional | CuteFTP 8 Professional 命令，即可启动 CuteFTP，弹出如图 12-18 所示的 Welcome to CuteFTP 8 Professional 对话框。

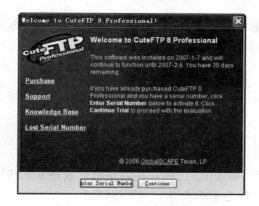

图 12-18 启动 CuteFTP

(3) 单击 Enter Serial Number 按钮，弹出 CuteFTP Connection Wizard 对话框，如图 12-19 所示。在文本框中输入站点的名称，例如输入站点名称为 ftp://ftp.pku.edu.cn，标签为"北京大学"，然后单击"下一步"按钮。

图 12-19 输入站点的名称

(4) 对话框的界面变为如图 12-20 所示，要求用户在文本框中输入用户名和密码并选择登录方式，例如输入用户名为"finalmov"，密码为"finalmov"，登录方式选择为"Normal"，然后单击"下一步"按钮。

图 12-20 登录界面

(5) 弹出 Connecting To Site 对话框，显示正在连接中的状态。用户也可以单击 Cancel 按钮，放弃建立与 FTP 站点的连接。

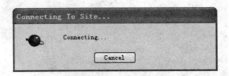

图 12-21　正在连接

(6) 连接成功后，弹出如图 12-22 所示的对话框，选择本地和远程文件夹，用户也可以选择默认的文件夹位置，然后单击"下一步"按钮。

图 12-22　选择文件夹

(7) 弹出如图 12-23 所示的对话框，单击"完成"按钮即可。

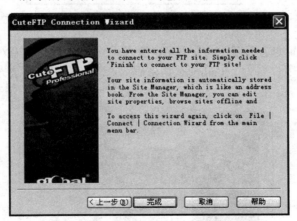

图 12-23　连接成功

(8) 弹出 Tip of the Day 对话框，取消选中 Show tips on start 复选框，然后单击 Close 按钮。

**图 12-24　消息**

(9) 此时，用户就连接到了远程 FTP 站点，如图 12-25 所示。

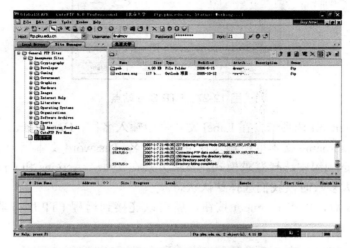

**图 12-25　远程连接完成**

下面将介绍初次运行以后如何连接到远程 FTP 服务器。

(1) 将计算机连接到 Internet。

(2) 启动 CuteFTP，其界面如图 12-26 所示。

**图 12-26　CuteFTP 界面**

(3) 在菜单栏中选择 File | New | FTP Site 命令，弹出如图 12-27 所示的"Site Properties for：北京大学"对话框。

图 12-27　FTP Site 站点

(4) 切换到 General 选项卡，在 Label 文本框中输入名称、Host address 文本框中输入远程 FTP 的地址、Username 文本框中输入登录的用户名、Password 文本框中输入登录的密码，在 Login method 选项组中选择登录模式。然后分别在 Type、Actions 和 Options 选项卡中进行设置或修改，大多数时候我们选择默认状态。

(5) 设置完成后，单击 Connect 按钮，就可以连接到远程 FTP 服务器了，如图 12-28 所示。

图 12-28　连接完成

## 12.3.2　使用 CuteFTP 下载文件

使用 CuteFTP 可以对远程服务器上的文件进行下载，下面将介绍如何利用 CuteFTP 来下载文件。

(1) 将计算机连接到 Internet，然后启动 CuteFTP。

(2) 切换到左窗格的 Site Manager 选项卡，任选一个 FTP 网址，然后双击它，如图 12-29 所示。

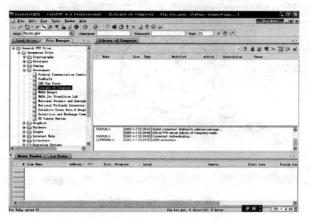

图 12-29　选择 FTP 网址

(3) 右窗格中将显示该 FTP 服务已有的资源，如图 12-30 所示。

图 12-30　FTP 已有的资源

(4) 用户可以将远程服务器中的文件直接拖到左侧目录中，或者右击该文件，然后弹出如图 12-31 所示的快捷菜单，再选择 Download 命令，就可以从远程 FTP 服务器上下载该文件了。

图 12-31　下载文件

(5) 然后等待队列窗格就多了一个下载任务，如图 12-32 所示。

**图 12-32　等待队列窗**

(6) 如果因为某种原因而中断了下载，下次只需右击该下载任务，然后在弹出的快捷菜单中选择 Transfer Selected 命令，就可以继续下载该任务了，如图 12-33 所示。

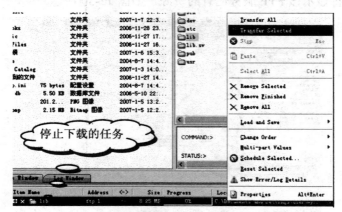

**图 12-33　继续下载任务**

## 12.3.3　使用 CuteFTP 上传文件

使用 CuteFTP 同样可以把文件上传到远程服务器上，下面将介绍如何利用 CuteFTP 来上传文件。

(1) 将计算机连接到 Internet，然后启动 CuteFTP。

(2) 切换到左侧的 Site Manager 选项卡，任选一个 FTP 网址，然后双击它，如图 12-34 所示。

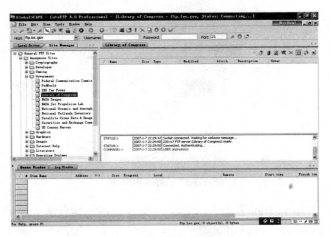

图 12-34 选择 FTP 网址

(3) 右侧将显示该 FTP 服务已有的资源，如图 12-35 所示。

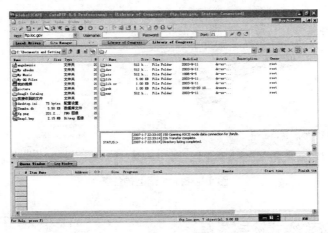

图 12-35 FTP 已有的资源

(4) 用户可以将本地硬盘上的文件直接拖到右侧目录中，或者右击该文件，然后弹出如图 12-36 所示的快捷菜单，再选择 Upload 命令，就可以上传该文件了。

图 12-36 上传文件

(5) 然后等待队列窗格就多了一个上传任务，如图 12-37 所示。

图 12-37　等待队列窗

(6) 如果因为某种原因中断了上传，下次只要右击该上传任务，然后在弹出的快捷菜单中选择 Transfer Selected 命令，就可以继续上传该任务了，如图 12-38 所示。

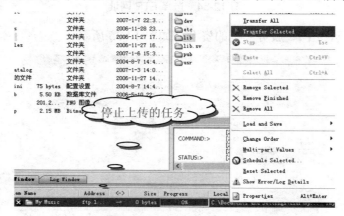

图 12-38　继续上传任务

#  12.4　网络通信工具

## 12.4.1　腾讯 QQ 简介

腾讯 QQ 是深圳市腾讯计算机系统有限公司开发的一款实时通信软件。它拥有庞大的用户群，现在已发展成为中国第一大实时通信工具。

腾讯 QQ 功能十分强大，使用 QQ 可以实现在网络虚拟世界的无限交流。

腾讯 QQ 的主要功能如下。

(1) 文字聊天：和好友使用文字进行聊天。

(2) 语音聊天：可以听到好友的声音，直接与其进行交谈。

(3) 视频聊天：不仅可以与好友进行交谈，而且可以看到好友的画面。

(4) 传送文件：可以将文件传送给好友。

(5) 发送邮件：可以将邮件发送到好友的邮箱里。

## 12.4.2　申请 QQ 号

在 Internet 下载并安装 QQ 软件后，此时用户并不能使用 QQ 进行聊天，因为使用 QQ 进行聊天需要账号。下面就介绍如何申请 QQ 号。

(1)　选择"开始"|"所有程序"|"腾讯软件"|"腾讯 QQ"命令或者双击桌面上的腾讯 QQ 快捷方式图标，启动 QQ，弹出"QQ2010"用户登录窗口，如图 12-39 所示。

**图 12-39　QQ 登录界面**

(2) 单击"注册新账号"文字链接，将弹出"QQ 注册"窗口，如图 12-40 所示。

**图 12-40　QQ 注册**

(3)　单击"QQ 注册"链接，填写"昵称"、"密码"、"生日"和"验证码"并选择"我已阅读并同意相关服务条款"复选框，如图 12-41 所示。

图 12-41　填写信息

(4) 单击"立即注册"按钮，申请成功，如图 12-42 所示。

图 12-42　申请成功

(5) 设置密码保护，输入手机号，密码保护设置成功后将可以通过短信修改 QQ 密码，如图 12-43 所示。

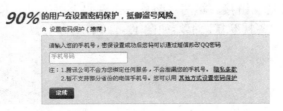

图 12-43　设置密码保护

(6) 填写手机验证码，在弹出的"申请成功"窗口中单击"完成"按钮，即可完成 QQ 号的申请。

## 12.4.3　登录 QQ

登录 QQ 的方式有手机号码、QQ 号码和电子邮件三种方式。本文以 QQ 号码方式为例进行介绍。

(1) 选择"开始"|"所有程序"|"腾讯软件"|"腾讯 QQ"命令或双击 QQ 快捷方式图标启动该软件，弹出"QQ2010"用户登录对话框，如图 12-44 所示。

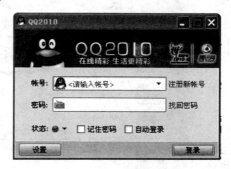

图 12-44　QQ 登录界面

(2) 在"帐号"文本框中输入申请到的 QQ 号码，在"密码"文本框中输入 QQ 密码，然后单击"登录"按钮。

(3) 登录成功后，将出现 QQ 操作主面板，如图 12-45 所示。

图 12-45　QQ 主面板

## 12.4.4 使用 QQ 聊天

登录 QQ 以后将出现 QQ 主面板。QQ 主面板上的按钮比较多，需要向用户介绍一下，如图 12-46 所示。

**图 12-46　QQ 主面板**

：发送手机消息。

：QQ 游戏。

：QQ 浏览器。

：进入聊天室。

：QQ 宠物。

：QQ 音乐。

：网络电视。

QQ 设置完成后就可以添加好友并与好友进行聊天了。

### 1．添加好友

查找和添加好友是进行聊天和交流的前提。下面介绍添加好友的操作步骤。

(1) 启动 QQ，单击 QQ 主面板上的"查找"按钮，弹出"查找联系人/群/企业"对话框，如图 12-47 所示。

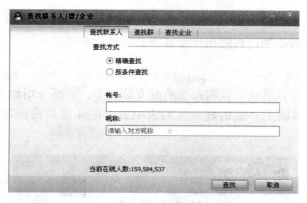

图 12-47　"查找联系人/群/企业"对话框

(2) 选中"按条件查找"单选按钮，输入查找条件，选中"在线"复选框，将显示查询结果，如图 12-48 所示。

图 12-48　查找在线人

(3) 选中要添加的好友，单击"加为好友"文字链接，如图 12-49 所示，弹出添加好友确认对话框。

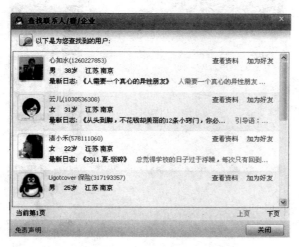

图 12-49　查找结果

(4) 在验证信息文本框中输入认证信息，等待对方的确认。如果有消息提示对方同意加为好友，则完成好友的添加，否则用户无法添加该号码。

**2．文字聊天**

在 QQ 中添加好友以后就可以和添加的好友聊天了。下面介绍如何与好友进行聊天。

(1) 双击 QQ 主界面上"我的好友"列表中好友的头像，弹出聊天窗口，如图 12-50 所示。

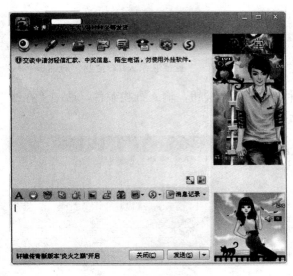

图 12-50　聊天窗口

(2) 在聊天窗口下面的文本框中输入聊天内容，单击"发送"按钮，即可与好友聊天。如果聊天窗口上面的文本框中显示了刚才输入的聊天内容，就表示好友已经收到信息，聊天窗口上面文本框中显示的对方的信息就是对方的聊天内容，如图 12-51 所示。

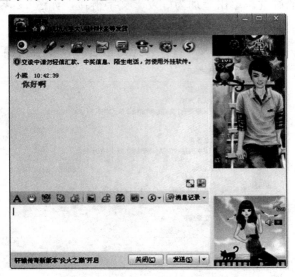

图 12-51　聊天内容

**3．语音和视频聊天**

腾讯 QQ 不仅可以进行文字聊天，还可以进行语音和视频聊天。

使用语音聊天可以直接与好友进行交谈，免去文字输入。

(1) 双击"我的好友"列表中好友的头像，打开 QQ 聊天窗口，如图 12-52 所示。

图 12-52　聊天窗口

(2) 单击聊天窗口中的 🎤 图标按钮，会向好友发出语音聊天请求。

(3) 如果对方接受请求，就会建立连接，连接建立好之后就可以用话筒和好友进行语音聊天了，如图 12-53 所示。

图 12-53　语音聊天

(4) 如果要结束语音聊天，单击"挂断"按钮，或直接关闭聊天窗口即可。

语音聊天只能听到对方的声音，视频聊天不仅可以听到声音，还可以看见对方的图像。下面就介绍视频聊天的操作步骤。

(1) 单击"我的好友"列表中的好友头像，弹出聊天窗口。

(2) 单击聊天窗口中的 图标按钮就会向好友发出视频聊天请求。

(3) 如果对方接受请求，就会建立连接，连接建立好之后就可以和好友进行视频聊天了，聊天窗口将显示对方的图像，如图 12-54 所示。

图 12-54　视频聊天

(4) 单击"挂断"按钮即可关闭视频聊天。

 ## 12.5　电子邮件客户端

### 12.5.1　Outlook Express 简介

Outlook Express 是 Windows 自带的电子邮件收发软件，在安装 Windows 操作系统时被一同安装在计算机中。Outlook Express 的功能很强大，是用户与朋友和同事交流的得力助手。

Outlook Express 是一款电子邮件客户终端程序，它拥有完善的中文界面，同时也支持多个账户和 HTML 格式等。

使用 Outlook Express 不仅可以与朋友或同事交换邮件，而且还可以加入新闻组进行想法和信息的交流。

Outlook Express 的主要功能如下。

(1) 收发邮件。

(2) 将邮件放在互联网服务器上以便在多台计算机上都可以阅读。

(3) 管理多个新闻账户和邮件。

(4) 将个人签名添加到邮件中。

## 12.5.2 配置 Outlook Express 邮件账户

在使用 Outlook Express 进行收发邮件之前，先要配置邮件账户。下面介绍其具体操作步骤。

(1) 选择"开始"|"所有程序"|Outlook Express 命令，启动 Outlook Express 程序，其界面如图 12-55 所示。

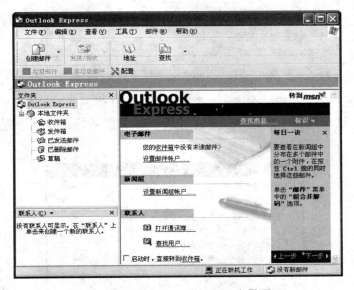

图 12-55 Outlook Express 主界面

(2) 选择"工具"|"帐户"命令，将弹出"Internet 帐户"对话框，如图 12-56 所示。

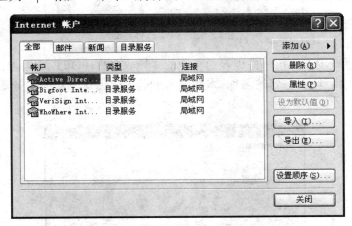

图 12-56 "Internet 帐户"对话框

(3) 单击"添加"按钮，从下拉菜单中选择"邮件"命令，将弹出"Internet 连接向导"对话框，在"显示名"文本框中输入发件人的姓名，如 Yang Min，如图 12-57 所示。

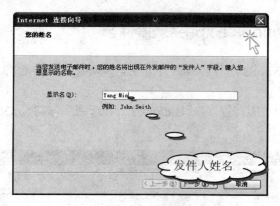

图 12-57　"Internet 连接向导"对话框

(4) 单击"下一步"按钮，在进入的页面的"电子邮件地址"文本框中输入用于接收邮件的邮箱地址。这个地址可以在 Internet 中提供邮件服务的站点上进行申请而获得，如图 12-58 所示。

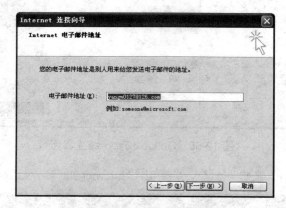

图 12-58　电子邮件地址

(5) 单击"下一步"按钮，在进入的页面的"接收邮件(POP3，IMAP 或 HTTP)服务器"文本框中输入接收邮件服务器的名称。本例输入的是 126 免费邮箱的服务器名称，如图 12-59 所示。

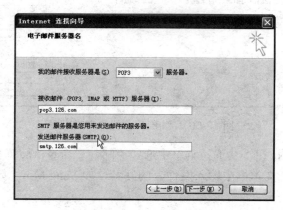

图 12-59　服务器名称

(6) 单击"下一步"按钮，在进入的页面的"帐户名"文本框中输入邮箱的名称和密码。如果选中"记住密码"复选框，则在登录邮箱时不再需要输入密码了，如图 12-60 所示。

图 12-60　账户名和密码

(7) 单击"下一步"按钮，再单击"完成"按钮即可完成设置。

## 12.5.3　使用 Outlook Express 收发电子邮件

在 Outlook Express 中正确配置账户后，就可以撰写、发送、接收和转发电子邮件了。

### 1．撰写和发送邮件

下面介绍通过 Outlook Express 发送新邮件的具体操作步骤。

(1) 启动 Outlook Express 程序，单击工具栏中的"创建邮件"按钮，将弹出"新邮件"对话框，如图 12-61 所示。

图 12-61　创建邮件

(2) 在"收件人"文本框中输入收件人的电子邮箱地址；在"抄送"文本框中输入需抄送的邮箱地址；在"主题"文本框中输入邮件的主题；在窗口下边正文区域输入邮件的内容，如图 12-62 所示。

图 12-62　写邮件

(3) 完成上述操作后检查无误，单击工具栏中的"发送"按钮，Outlook Express 就开始发送邮件了。

**2．接收并阅读电子邮件**

Outlook Express 的一个优点就是用户不必登录每个邮箱网站就可以将所有账户中的邮件收于 Outlook Express 之中，这样用户可以同时管理多个邮件账户。下面介绍接收并阅读电子邮件的操作步骤。

(1) 启动 Outlook Express，单击工具栏中的"发送/接收"按钮，如果在配置账户时用户选中"记住密码"复选框，就会直接发出邮件，如图 12-63 所示。

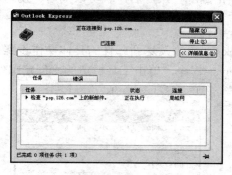

图 12-63　发送邮件

(2) 收发完成后，连接对话框将关闭。Outlook Express 中将显示收件箱中有多少封信件，如图 12-64 所示。

图 12-64　信箱

(3) 双击"收件箱"选项就可以进入"收件箱"窗口，如图 12-65 所示。

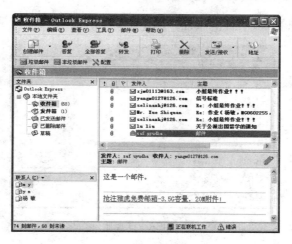

图 12-65 收件箱窗口

(4) 邮件的主题目录分为三栏,单击某个栏,邮件就会按这个栏排序,如图 12-66 所示。

图 12-66 邮件排序

## 12.5.4 使用 Outlook Express 收发电子邮件拓展

Outlook Express 不仅具有收发电子邮件的功能,还有很多其他的功能。

### 1. 发送附件

用户在发送电子邮件时,有时候不仅想发送文本信息,还想发送如图片、歌曲和软件等信息时,这就需要用到 Outlook Express 的附件功能。

(1) 启动 Outlook Express,单击工具栏中的"创建邮件"按钮,弹出"新邮件"对话框,在"收件人"、"抄送"和"主题"文本框中输入相应内容。

(2) 单击工具栏中的"附件"按钮,弹出"插入附件"对话框,如图 12-67 所示。

图 12-67 插入附件

(3) 在"查找范围"下拉列表框中找到要发送附件的存储位置,然后选择要发送的文件,单击"附件"按钮即可完成附件的添加，如图 12-68 所示。

图 12-68　选择附件

(4) 返回"新邮件"对话框，单击"发送"按钮，即可发送附件了。

## 2．查收附件

在 Outlook Express 收件箱中有一些邮件的前面有 **0** 图标，这表示邮件中有附件。下面介绍查收附件的操作步骤。

(1) 在"收件箱"窗口中单击"回形针"图标 **0**，弹出"附件选择"菜单，选择要查看的附件，如图 12-69 所示。

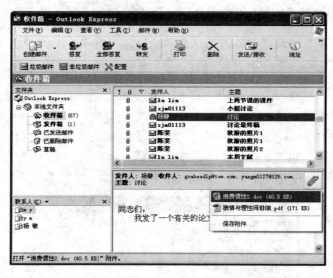

图 12-69　收件箱

(2) 如果附件是可选择的文件或者网页等其他危险文件，Outlook Express 将会弹出警告对话框。

(3) 如果附件不是危险文件，单击"确定"按钮即可打开附件。

## 3．转发邮件

如果要把收到的电子邮件转发给别人，该如何操作呢？下面就介绍其具体操作步骤。

(1) 右击"收件箱"窗口中要转发的邮件，在弹出的快捷菜单中选择"转发"或"作为附件转发"命令，如图 12-70 所示。

图 12-70 转发操作

(2) 在打开的"转发"窗口中输入收件人地址、主题和文本，单击"发送"按钮即可完成邮件的转发。

### 4．回复邮件

在收到和查阅邮件之后，我们经常需要回复邮件。

(1) 在"收件箱"窗口中右击要回复的邮件，在弹出的快捷菜单中选择"答复发件人"命令，如图 12-71 所示。

图 12-71 回复邮件

（2）在"回复邮件"窗口中输入回复文本，单击"发送"按钮即可完成回复邮件。

### 5．添加签名

在 Outlook Express 中用户可以通过添加签名使发出的每封邮件都自动地加上签名。下面介绍其具体操作步骤。

（1）在 Outlook Express 主界面上，选择"工具"|"选项"命令，弹出"选项"对话框，切换到"签名"选项卡，如图 12-72 所示。

（2）单击"新建"按钮，在"签名"文本框中输入签名内容，也可以在"文件"文本框选择网页签名，如图 12-73 所示。

图 12-72　"选项"对话框

图 12-73　输入签名

（3）单击"确定"按钮，即可完成签名设定，如图 12-74 所示。

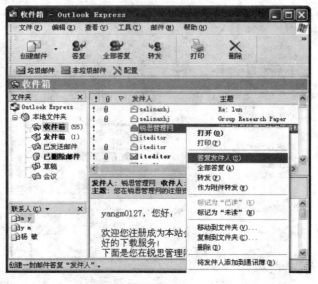

图 12-74　完成签名设定

### 12.5.5　使用 Outlook Express 对邮件进行管理

当 Outlook Express 中邮件比较多时就需要对邮件进行管理了，Outlook Express 提供了管理邮件的多种功能。

**1．建立通讯簿**

Outlook Express 中有个通讯簿，在通讯簿中可以记载朋友、同事或者客户的联系方式、邮箱地址以及其他资料。下面介绍建立通讯簿的操作步骤。

(1) 启动 Outlook Express，在主界面中选择"工具"|"通讯簿"命令，将弹出"通讯簿－主标识"窗口，然后单击"新建"按钮，在下拉菜单中选择"新建联系人"命令，如图 12-75 所示。

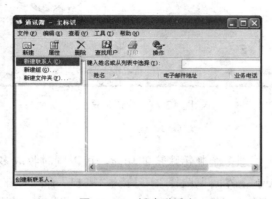

图 12-75　新建联系人

(2) 在弹出的"属性"对话框中填入联系人的相关信息，单击"添加"按钮即可在列表框中显示电子邮箱地址，如图 12-76 所示。

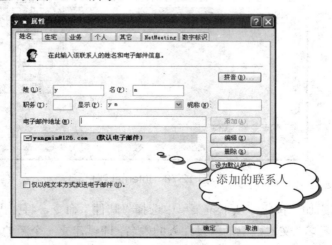

图 12-76　在列表框中显示电子邮箱地址

(3) 单击"确定"按钮，返回 "通讯簿-主标识"窗口，即可完成联系人的添加。

(4) 在通讯簿中选择收件人的名字，然后选择"工具"|"操作"|"发送新邮件"命令，将弹出"新邮件"窗口，直接输入主题和信件内容，单击"发送"按钮即可完成发送，不需要再填写收件人的邮箱地址，如图 12-77 所示。

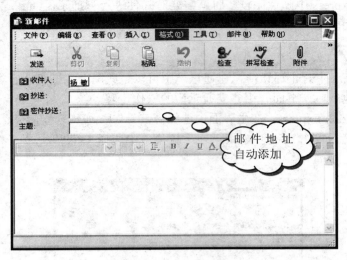

图 12-77　完成发送

### 2. 创建多个账户

Outlook Express 提供管理多个邮箱账户的功能，可以同时收取多个邮箱中的信件。

(1) 在 Outlook Express 主界面上选择"工具"|"帐户"命令，在弹出的"Internet 帐户"对话框中单击"邮件"标签，切换到"邮件"选项卡，如图 12-78 所示。

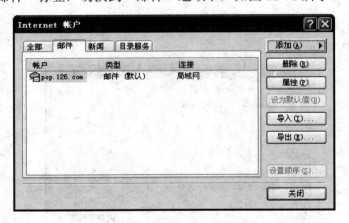

图 12-78　Internet 账户

(2) 单击"添加"按钮，从下拉菜单中选择"邮件"命令，将弹出"Internet 连接向导"对话框，在"显示名"文本框中输入发件人的姓名，即可建立一个新的邮件账号，如图 12-79 所示。

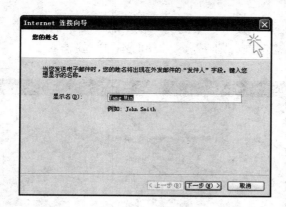

图 12-79 "Internet 连接向导"对话框

单击"下一步"按钮，在下一页面的"电子邮件地址"文本框中输入用于接收邮件的邮箱地址。这个地址可以在 Internet 中提供邮件服务的站点上进行申请而获得，如图 12-80 所示。

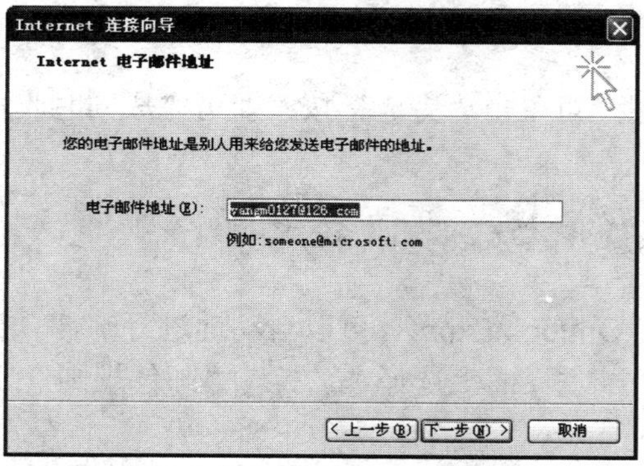

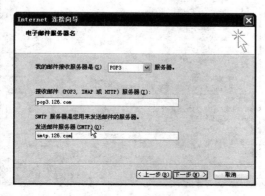

图 12-80 电子邮件地址

单击"下一步"按钮，在下一页面的"接收邮件(POP3，IMAP 或 HTTP)服务器"文本框中输入接收邮件服务器的名称。本例中输入的是 126 免费邮箱的服务器名称，如图 12-81 所示。

图 12-81 服务器名称

单击"下一步"按钮，在下一页面的"帐户名"文本框中输入邮箱的名称和密码。如果选中 "记住密码"复选框，则在登录邮箱时不再需要输入密码，如图 12-82 所示。

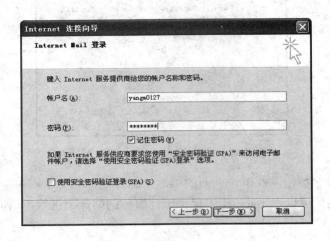

图 12-82　账户名和密码

单击"下一步"按钮，再单击"完成"按钮即可完成同时收取多个邮箱中的信件。

## 12.5.6　使用 Outlook Express 定义邮件规则

通过定义邮件规则，Outlook Express 可以自动地进行邮件分类管理。

(1) 在 Outlook Express 主界面上选择"工具" | "邮件规则" | "邮件"命令，将弹出"新建邮件规则"对话框。

(2) 在"选择规则条件"列表框中至少选择一个规则，然后在"选择规则操作"列表框中至少选择一个操作，如图 12-83 所示。

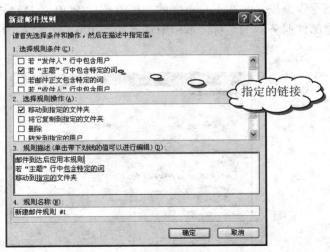

图 12-83　选择规则条件

(3) 单击"规则描述"中的"包含特定的词"文字链接,在弹出的"键入特定文字"对话框中输入词或句子,然后单击"添加"按钮,即可将特定文字添加到"字"文本框中,如图 12-84 所示。

(4) 单击"确定"按钮,返回"新建邮件规则"对话框,单击"指定的"文字链接,弹出"移动"对话框,如图 12-85 所示,然后单击"新建文件夹"按钮,在弹出的对话框中输入文件夹名称。

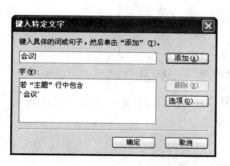

图 12-84 键入特定文字

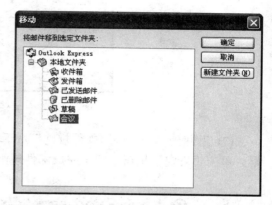

图 12-85 移动邮件

(5) 单击"确定"按钮,返回"新建邮件规则"对话框,在"规则名称"文本框中输入规则名称,单击"确定"按钮,返回"邮件规则"对话框,如图 12-86 所示。

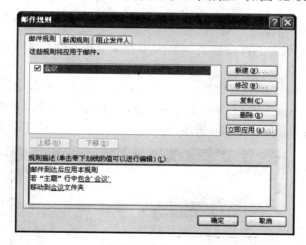

图 12-86 邮件规则

(6) 单击"立即应用"按钮,在弹出的"开始应用邮件规则"对话框中选择要应用的邮件规则,如图 12-87 所示。单击"立即应用"按钮,返回"邮件规则"对话框,然后再单击"确定"按钮。

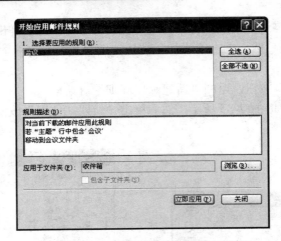

图 12-87　"开始应用邮件规则"对话框

(7) 返回到"开始应用邮件规则"对话框，单击"关闭"按钮，回到"邮件规则"对话框，单击"确定"按钮，即可完成邮件规则的定义。

## 12.5.7　Outlook Express 的实用功能

如果用户想将其他计算机上的电子邮件或者其他电子邮件程序中的邮件导入自己计算机的 Outlook Express 程序中，就需要使用 Outlook Express 的导入和导出功能。

### 1．导入邮件

怎样将其他计算机上的邮件以及其他应用程序中的邮件导入 Outlook Express 软件中呢？下面介绍其操作步骤。

(1) 选择"开始"|"所有程序"|Outlook Express 命令，启动 Outlook Express 程序。

(2) 在 Outlook Express 的主界面上选择"文件"|"导入"|"邮件"命令，弹出"Outlook Express 导入"对话框，如图 12-88 所示。

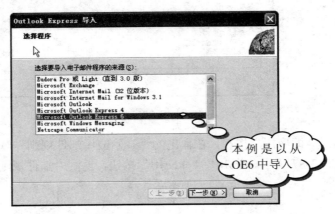

图 12-88　"Outlook Express 导入"对话框

(3) 在"选择要导入电子邮件程序的来源"列表框中选择邮件的来源，然后单击"下一步"按钮，弹出"从 OE6 导入"对话框，如图 12-89 所示。

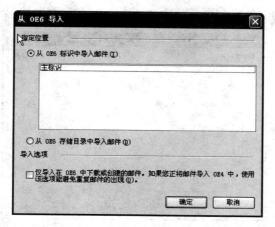

图 12-89　"从 OE6 导入"对话框

(4) 选中"从 OE6 标识中导入邮件"或者"从 OE6 存储目录中导入邮件"单选按钮，单击"确定"按钮，弹出"Outlook Express 导入"对话框，如图 12-90 所示。

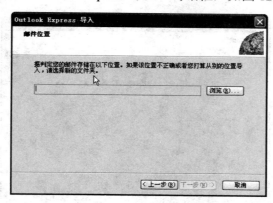

图 12-90　"Outlook Express 导入"对话框

(5) 单击"浏览"按钮，弹出"浏览文件夹"对话框，选择邮件的存储路径，再单击"确定"按钮，如图 12-91 所示。

图 12-91　"浏览文件夹"对话框

(6) 返回 "Outlook Express 导入" 对话框，单击 "下一步" 按钮，进入如图 12-92 所示的界面，选择要导入的文件夹，这里选中 "所有文件夹" 单选按钮。

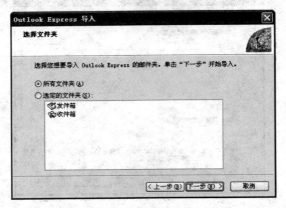

图 12-92　"选择文件夹" 界面

(7) 单击 "下一步" 按钮，开始导入邮件，待导入完毕后，单击 "完成" 按钮即可，如图 12-93 所示。

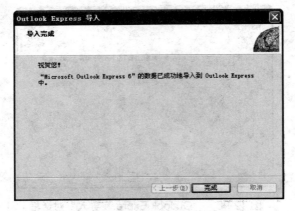

图 12-93　完成导入邮件

### 2. 导出邮件

将邮件和通讯簿放在操作系统盘里面总是有一定的风险，因为万一操作系统中病毒崩溃，需要重新安装操作系统的话，邮件和通讯簿就会丢失，所以用户可以将一些重要的邮件和通讯簿定期地从系统盘中导出。下面介绍如何导出通讯簿。

(1) 选择 "开始" | "所有程序" | Outlook Express 命令，启动 Outlook Express 程序。

(2) 选择 "文件" | "导出" | "通讯簿" 命令，弹出 "通讯簿导出工具" 对话框，如图 12-94 所示。

(3) 选中 "文件文本" 选项，单击 "导出" 按钮，弹出 "CSV 导出" 对话框，如图 12-95 所示。

图 12-94　"通讯簿导出工具"对话框

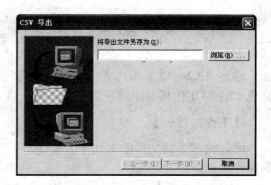

图 12-95　"CSV 导出"对话框

(4) 单击"浏览"按钮,弹出"另存为"对话框,如图 12-96 所示。

图 12-96　"另存为"对话框

(5) 选择存储路径,在"文件名"下拉列表框中输入文件名,单击"保存"按钮,关闭对话框。

(6) 返回"CSV 导出"对话框,如图 12-97 所示。

(7) 在"选择要导出的域"列表框中选择要导出的域,单击"完成"按钮,开始导出通讯簿。待导出完毕后会弹出"通讯簿"对话框提示导出完毕,如图 12-98 所示,单击"确定"按钮即可。

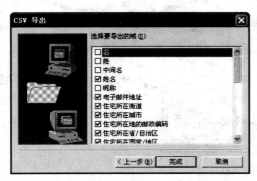

图 12-97　"CSV 导出"对话框

图 12-98　"通讯簿"对话框

## 12.6　回到工作场景

通过 12.2～12.5 节内容的学习，您应该掌握了一些网络常用处理工具软件，此时足以完成 12.1 节工作场景中的任务。具体的实现过程如下。

**【工作过程一】**

网际快车下载文件的方法十分简便，下面以到百度 MP3 去下载音乐为例来介绍其具体的操作步骤。

(1) 将计算机连接到 Internet，然后在要下载的网页中右击该下载链接，再在弹出的快捷菜单中选择"使用快车(FlashGet)下载"命令，如图 12-99 所示。

**图 12-99　使用快车(FlashGet)下载**

(2) 弹出如图 12-100 所示的"添加新的下载任务"对话框，然后对文件的类别、文件的保存位置、文件的名称、文件分几部分同时下载进行设置，再单击"确定"按钮。

**图 12-100　添加新的下载任务**

(3) 计算机将启动网际快车，然后网际快车开始下载文件，其界面如图 12-101 所示。

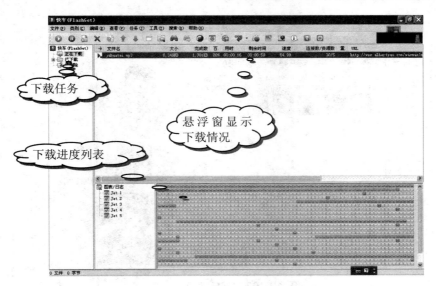

图 12-101　开始下载文件

(4) 文件下载过程中，右击该文件，在弹出的快捷菜单中选择"暂停"、"删除"等命令，对正在下载的文件进行管理。其快捷菜单如图 12-102 所示。

图 12-102　快捷菜单

(5) 下载完毕后，用户即可在之前设置的保存位置中找到该文件。

【工作过程二】

登录腾讯 QQ 以后将出现 QQ 的主面板，在 QQ 中添加好友以后就可以和添加的好友聊天了。下面介绍如何与好友进行聊天。

(1) 双击腾讯 QQ 主界面上"我的好友"列表中好友的头像，弹出聊天窗口，如图 12-103 所示。

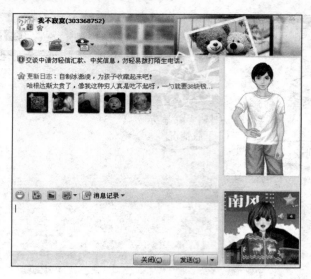

图 12-103　聊天窗口

(2) 在聊天窗口下面的文本框中输入聊天内容，单击"发送"按钮，即可与好友聊天。如果聊天窗口上面的文本框中显示了刚才输入的聊天内容，就表示好友已经收到信息，聊天窗口上面文本框中显示的对方的信息就是对方的聊天内容，如图 12-104 所示。

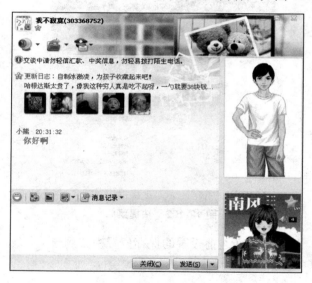

图 12-104　文字聊天

## 【工作过程三】

### 1. 撰写和发送邮件

下面介绍通过 Outlook Express 发送新邮件的具体操作步骤。

(1) 启动 Outlook Express 程序，单击工具栏中的"创建邮件"按钮，弹出"新邮件"窗口，如图 12-105 所示。

(2) 在"收件人"文本框中输入收件人的电子邮箱地址；在"抄送"文本框中输入需要

抄送的邮箱地址；在"主题"文本框中输入邮件的主题；在窗口下边正文区域输入邮件的内容，如图 12-106 所示。

图 12-105　创建邮件　　　　　　　　　　　图 12-106　输入邮件的内容

(3) 完成上述操作后检查无误，单击 "发送"按钮，Outlook Express 就开始发送邮件了。

**2．接收并阅读电子邮件**

(1) 启动 Outlook Express，单击工具栏中的"发送/接收"按钮，如果在配置账户时用户选中 "记住密码"复选框，就会直接发出邮件，如图 12-107 所示。

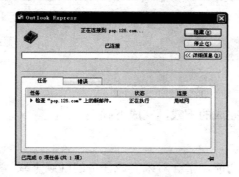

图 12-107　发送/接收邮件

(2) 收发完成后，连接对话框将关闭。Outlook Express 中将显示收件箱中有多少封信件，如图 12-108 所示。

图 12-108　收件箱

(3) 双击"收件箱"选项就可以进入"收件箱"窗口，如图 12-109 所示。

图 12-109 收件箱

(4) 邮件的主题目录分为三栏，单击某个栏，邮件就会按这个栏排序，如图 12-110
所示。

图 12-110 邮件排序

 ## 12.7 工作实训营

### 12.7.1 训练实例

**1. 训练内容**

使用 Web 迅雷导入未完成的下载，完成下载。

**2. 训练目的**

掌握 Web 迅雷的下载功能，学会对未完成任务的继续下载。

**3. 训练过程**

如果下载的文件还没有下载完毕，但由于客观原因我们必须中断下载，那该怎么办？
以后重新下载吗？Web 迅雷就提供了导入未完成下载的功能，为我们节省了不少时间。下
面介绍这项功能的操作步骤。

(1) 启动 Web 迅雷，然后右击正在下载的任务，弹出如图 12-111 所示的快捷菜单，选
择"暂停"命令。

(2) 同样右击该任务，在弹出的快捷菜单中选择"属性"命令，弹出如图 12-112 所示
的"任务属性"对话框，可以看到该任务的保存位置。

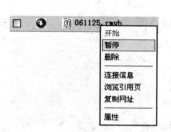

图 12-111　迅雷下载快捷菜单

图 12-112　任务属性

(3) 根据上述位置，在计算机硬盘中找到下载未完成的文件，如图 12-113 所示，将它们复制到移动硬盘中。

(4) 换到另一台计算机上，将上面的两个文件复制到本地硬盘上，然后启动 Web 迅雷，单击"更多功能"按钮，在弹出的下拉菜单中选择"导入未完成的下载"命令，如图 12-114 所示。

图 12-113　移动文件

图 12-114　导入未完成的下载

(5) 弹出如图 12-115 所示的"导入未完成的下载"对话框，然后选择*.td 格式的文件，单击"打开"按钮。

(6) 弹出如图 12-116 所示的"新的下载"对话框，然后单击"开始下载"按钮就可以继续下载未完成的文件了。

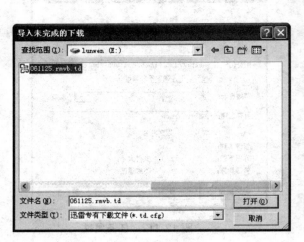
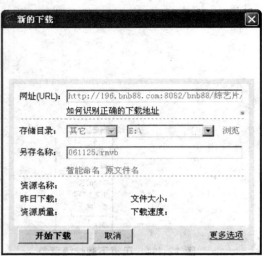

图 12-115 打开文件　　　　　　　　　图 12-116 开始下载未完成的文件

### 4．技术要点

下载未完成的文件任务时，在迅雷中需选择"导入未完成的下载"命令才能完成继续下载任务。

## 12.7.2 工作实践常见问题解析

【问题 1】哪些软件可以用于下载文件？

【答】可以使用网际快车 FlashGet、BT 和迅雷进行文件的下载。

【问题 2】使用 CuteFTP 上传和下载文件与迅雷等软件有何不同？

【答】可以使用 CuteFTP 上传和下载文件时，可下载或上传整个目录且不会因为闲置过久而被踢出站台。

【问题 3】如何收发电子邮件？

【答】可以使用 Outlook Express 收发电子邮件，其中发邮件时，收件人和主题是必须填写的内容。

【问题 4】如何在电子邮件中记录发件人的其他联系方式？

【答】可以使用 Outlook Express 对邮件进行管理，在通讯簿中可以记载朋友、同事或者客户的联系方式、邮箱地址以及其他资料。

## 小　结

本章主要介绍了一些网络常用工具软件：网络下载工具、FTP 工具、网络通信工具和电子邮件客户端等。通过本章的学习，读者必须熟练使用网际快车 FlashGet、BT、Web 迅雷和 CuteFTP 下载文件，会用 CuteFTP 上传文件，学会使用腾讯 QQ 进行聊天，能够灵活运用一些电子邮件的操作，例如收发电子邮件、对邮件的管理和定义邮件规则等。

## 习 · 题

1．使用 FlashGet 的"站点资源搜索器"功能下载 FTP 站点中的文件。

2．利用 Web 迅雷搜索并下载文件。

3．利用 Web 迅雷继续下载未下载完毕的文件。

4．申请一个腾讯 QQ 号码，并用这个号码和好友聊天。

5．使用 QQ 给好友传送文件。

6．使用 QQ 发送邮件。

7．用 Outlook Express 设置一个邮件规则：如果"主题"中包含"中奖"、"正文"中包含"大优惠"内容的邮件则转移到"垃圾邮件"中。

8．使用 Outlook Express 软件进行邮件的接收、发送以及回复等操作。

# 参 考 文 献

[1] 缪亮，薛丽芳. 计算机常用工具软件实用教程[M]. 北京：清华大学出版社，2004.

[2] 孙玮. 实用软件工程[M]. 北京：电子工业出版社，2011.

[3] 陈红. 计算机常用工具软件实用教程[M]. 北京：清华大学出版社，2012.

[4] 张丽勇，李士丹. 计算机应用技术实验指导[M]. 北京：北京理工大学出版社，2009.

[5] 邹祖银，等. 常用工具软件[M]. 北京：人民邮电出版社，2010.

[6] 曹海丽，等. 计算机常用工具软件项目教程[M]. 北京：机械工业出版社，2011.

[7] 甘登岱，等. 常用工具软件应用集萃[M]. 北京：航空工业出版社，2007.

[8] 匡松，孙耀邦. 计算机应用：计算机常用工具软件教程[M]. 北京：清华大学出版社，2008.